U0299054

"通古察今"系列丛书

陶寺观象台研究

武家璧 著

河南人民出版社

图书在版编目(CIP)数据

陶寺观象台研究 / 武家璧著. — 郑州 : 河南人民出版社, 2019. 12

("通古察今"系列丛书)

ISBN 978 - 7 - 215 - 12101 - 0

Ⅰ. ①陶… Ⅱ. ①武… Ⅲ. ①古天文台 - 襄汾县 - 文集 Ⅳ. ①P112.2 - 53

中国版本图书馆 CIP 数据核字(2019)第 273219 号

河南人民出版社出版发行

(地址:郑州市郑东新区祥盛街 27 号 邮政编码:450016 电话:65788072)

新华书店经销 河南新华印刷集团有限公司印刷

开本 787 毫米×1092 毫米 1/32 印张 7

字数 96 千字

2019 年 12 月第 1 版 2019 年 12 月第 1 次印刷

定价:52.00 元

"通古察今"系列丛书编辑委员会

序　言

在北京师范大学的百余年发展历程中，历史学科始终占有重要地位。经过几代人的不懈努力，今天的北京师范大学历史学院业已成为史学研究的重要基地，是国家首批博士学位一级学科授予权单位，拥有国家重点学科、博士后流动站、教育部人文社会科学重点研究基地等一系列学术平台，综合实力居全国高校历史学科前列。目前被列入国家一流大学一流学科建设行列，正在向世界一流学科迈进。在教学方面，历史学院的课程改革、教材编纂、教书育人，都取得了显著的成绩，曾荣获国家教学改革成果一等奖。在科学研究方面，同样取得了令人瞩目的成就，在出版了由白寿彝教授任总主编、被学术界誉为"20世纪中国史学的压轴之作"的多卷本《中国通史》后，一批底蕴深厚、质量高超的学术论著相继问世，如八卷本《中国文化发展史》、二十卷本"中国古代社会和政治研究丛书"、三卷本《清代理学史》、五卷本《历史文化认同与中国统一多民族国家》、二十三卷本《陈垣全集》，以及《历史视野下的中华民族精神》《中西古代历史、史学与理论比较研究》《上博简〈诗论〉研究》等，这些著作皆声誉卓著，在学界产生较大影响，得到同行普遍好评。

除上述著作外，历史学院的教师们潜心学术，以探索精神攻关，又陆续取得了众多具有原创性的成果，在历史学各分支学科的研究上连创佳绩，始终处在学科前沿。为了集中展示历史学院的这些探索性成果，我们组织编写了这套"通古察今"系列丛书。丛书所收著作多以问题为导向，集中解决古今中外历史上值得关注的重要学术问题，篇幅虽小，然问题意识明显，学术视野尤为开阔。希冀它的出版，在促进北京师范大学历史学科更好发展的同时，为学术界乃至全社会贡献一批真正立得住的学术佳作。

当然，作为探索性的系列丛书，不成熟乃至疏漏之处在所难免，还望学界同人不吝赐教。

北京师范大学历史学院

北京师范大学史学理论与史学史研究中心

北京师范大学"通古察今"系列丛书编辑委员会

2019 年 1 月

目　录

前　言

　　山西省襄汾县陶寺镇发现一座规模宏大的新石期时代的古城。学术界主流意见倾向认为陶寺文化就是尧帝创造的考古学文化，陶寺古城就是尧都。《尚书·尧典》《史记·五帝本纪》等记载，尧帝曾经"历象日月星辰，敬授民时"。尧帝派天文官在冬夏至与春秋分时对太阳出入和恒星中天等天文现象进行观测，根据实际天象来确定季节，制定历法，颁授民时，这就是"观象授时"。尧帝制定了一年长度为 366 日并设置闰月的阴阳历。与文献记载惊人地巧合，在陶寺大城东南部的小城中、倚靠在大城中轴线南端的城墙中部，发现有一座半圆状夯土台形建筑基址，被考古学和科学史学者论证为新石期时代的古观象台遗址。观象台遗迹的考古学地层年代属于陶寺文化中期，其绝对年代通过碳十四测年确定为距今 4100±100 年，与传说中的尧帝时代相符合。中外学者对《尧典》星象作过一系列研究，主流意见认为它记录了尧帝时代的天象。我们采用地平方法重新计算《尧典》星象的天文年代，其结果与观象台遗迹的考古学年代相符合。

考古发现的古观象台遗迹具有明确的观测中心和观测狭缝。狭缝分布在围绕中心的圆弧形夯土墙上，由两两相邻的夯土柱构成狭缝，共有 12 道观测缝。这些狭缝是古人用来观测日出方位以确定季节的。经验告诉我们，在同一地点观察，一年之内，太阳的出入地（山）方位，在一定的南北范围内移动一个来回。如果仔细观察会发现，在白天最短的那一天，日出方位到达最南点，就是冬至；尔后日出入方位向北方移动，在白天最长的那一天，到达最北点，就是夏至；尔后又向南方移动，回归最南点。当日出入方位再次到达最南点时，就是第二个冬至，两冬至之间是一个回归年。冬、夏二至是两个最重要的节气点，如果地势平坦，那么春秋分的日出入方位正好位于冬、夏二至的正中间，其他时节亦可根据不同的日出入方位依次划出。这就是"日出入方位授时"的基本原理。如果日出入方向的大地不是平坦的，那么一般会借助背景山峰标志时节点的太阳方位。

世界上其他古老民族有两类利用"日出方位"授时的遗迹。第一类如英国的"巨石阵"（Stonehenge），仅仅只有人工遗迹，利用人工修建的观测狭缝来照准日出方位，以确定夏至典礼举行的日期；第二类如美洲土著霍比（Hopi）人，仅仅只有自然背景，通过观测日出山头来确定举行冬至典礼的日期。陶寺观象台以自然山峰作衬托，把人工建筑与天然背景相融合，天人合一。通过调整建筑狭缝的方向，使不同时节日出山头的标志性位置，定格在观测缝中。这种山头、日出、狭缝对应关系，在二分二至观测缝中看得十分明显。陶寺观象台由观测点、观测狭缝、背景山峰等构成巨大的天文照准系统，日出时照进狭缝的光路包含若干天文准线，为"日出方位"授时提供场地和设施，通过观测日出方位确定季节，制定"地平历"。

考古工作者对陶寺观象台的各条观测狭缝进行了精确测量，天文学者对其中 E2、E12 观测缝的中心线方位角及其对应远山仰角的测量数据进行了天文学分析。结果显示，现代夏至和冬至太阳从山头升起时，接近 E2 和 E12 缝,但不能恰好进入,相差约半度左右,这正是黄赤交角的长期变化所致。在考古学确定的年代 (公元前 2100 年前后),太阳升起一半时,冬至太阳正好位于 E2 缝正中,夏至太阳位于 E12 缝中,这令人信服地证明该建筑基址是古代观象台遗址。陶寺观象台的天文学年代与考古学碳十四年代以及传说中的尧帝时代高度吻合,观象台遗迹与《尧典》中保存的上古天文历法成就相符合。

　　陶寺观象台的观测柱的排布是经过精心设计的,工程设计的目的,就是将陶寺的神山——崇山 (塔儿山) 的顶峰、南坡的坡顶 (日出冬至点)、北坡的山凹 (夏至点) 等,定格在观测缝之中。人们站在同一个观测点均能从每条狭窄的观测缝中看到塔儿山背景山峰或山凹上的日出。要做到每条狭缝的光路都汇聚到一个中心,并非轻而易举。我们根据地表残存的遗迹,复原地上被毁掉的观测柱和狭缝系列,再作模拟观测,实际情况表明,只有站在那个唯一的汇聚点上,才能从十条狭缝中全部看出去;稍稍偏离这个汇聚点几公分,就有若干条狭缝被夯土柱遮挡住了,看不出去。基于上述事实,科学工作者相信,这一列弧形排列的夯土柱，是经过精心设计和严格施工建造的，夯土柱之间的狭缝就是观测缝，而那个唯一的汇聚点就是观测点。如果不是经过精心设计，任由十几条缝隙随机分布，它们能汇聚到一点的可能性微乎其微，而与二分二至的日出方向吻合，就更加不可能了。

中国古代有多种观象授时的方法，如测正午时日影最短、测白昼最长、测偕日见伏星及昏旦中星等，这些方法都不如测日出方位更加简便易行。日出入方位与昼夜长短一样，也是划分季节的客观依据。测定昼夜长短需要借助漏刻等测时仪器，测量日影需要借助圭表等仪器，而观测日出入方位比较简单容易，仅凭在同一地点多次观看和标记日出方向，就足以建立一套观象授时的体系。当经验形成后，可以物化为自然景观，也可以兴建人工建筑，将所有特定的日出（入）方向予以照准。

如此简单的授时原理和方法，十分便于早期先民理解和掌握。有很多考古发现的实物、遗迹以及出土文献可以证明，上古先民最早掌握"日出（入）方位"授时原理来测定二分二至等节气。相比之下，圭表测影、漏刻测时、中星授时等，都显得更加高级而复杂。

按历史发展的逻辑顺序而言，原始先民最早掌握的应该是最简单的观象授时方法。以往学术界依据《周髀算经》认为最早的授时方法是圭表测影，陶寺观象台的发现改变了这一传统看法，现在学术界倾向认为早期人类在立表测影之前，还经历了漫长的观日出授时的"地平历"阶段。因此，陶寺观象台的发现改写了早期天文学的历史，它是人类历史上迄今发现的最早的具有科学意义的天文观测遗迹，是世界上最早的天文台。我们提出人类早期历法史上存在"地平历"阶段，为考古天文学的年代回推，创造了成功范例。

陶寺观象台的发现和研究证明史前和夏商时期，在中国天文学史上存在着以日出方位观象授时的发展阶段，这一重大发现受到国际国内学术界的重视。英国著名科学杂志 *Nature*（2005 年 11 月 10 日第 438 期）、德国天文学杂志 *Astronomie Heute*（2006 年 1—2 月号）报道了山西陶寺观象台是世界上最早的天文台，产生较大的国际影响。中国科学院院士、天文史学家席泽宗先生评价"陶寺天文观测遗迹的发现，是中国考古天文学的真正开端"（《考古》2006 年 11 期）。武家璧的《陶寺观象台与考古天文学》一文收入《新华文摘》2008 年 24 期"篇目辑览"。清华大学教授、著名科技史家华觉明指出："武家璧、陈美东、孙小淳等先生关于陶寺新石器时代晚期天文观象遗存的论证等都是重要的学术建树"(华觉明:《古史常新,探索正未有穷期——中国古代科技史研究之我见》,《中国科技史杂志》2010 年第 2 期)。陶寺观象台在考古学、历史学、天文学、科技史学等学科领域均具有重要研究价值。

陶寺观象台遗址的天文功能与年代[1]

【摘要】 山西襄汾陶寺遗址可能是尧帝都城。最近考古发现的大型半圆台夯土遗迹ⅡFJT1具有明确的夯土中心观测点和夯土圆弧形墙上挖出的12道狭缝，被认为是古人用来观测日出以确定季节的观象台。对该遗址各特征点位置进行了精确的测量，对其中E2、E12缝的中心线方位角和对应远山仰角测量数据进行了天文学分析。结果显示，现代夏至和冬至太阳升起时，接近E2、E12缝，但不能恰好进入。由于黄赤交角的长期变化，在考古学确定的年代（公元前2100年前后），太阳升起一半时，夏至太阳位于E12缝右部，冬至太阳位于E2缝正中。这令人信服地证明，

---

[1] 第一作者武家璧，与陈美东（中国科学院自然科学史研究所研究员）、刘次沅（中国科学院国家授时中心研究员）合著。

ⅡFJT1是古代观象台的遗址。

【关键词】 天文考古学 天文年代学 陶寺文化 古代天文台 观象授时

1.陶寺观象台遗址的发现

　　山西省南部是中华民族最早的发祥地之一。20世纪50年代襄汾县陶寺村附近发现的史前遗址是晋南80多处龙山文化(距今约40—50世纪)遗址中最著名的一处。

　　1978—1987年，陶寺遗址进行了大规模发掘。发掘的1300余座墓葬及大量房屋遗址显示了当时的社会等级结构。出土物包括大量石质、陶质和木质的生产、生活器具，以及大型的石磬、鼓等祭祀器。C14检测证实，陶寺文化分为早、中、晚三期，存在于公元前2500—1900年之间。近年来，学术界倾向于将陶寺遗址与"尧都平阳"相联系。

　　自1999年以来，中国社会科学院考古研究所、山西省考古研究所、临汾市文物局联合对陶寺遗址进行了新一轮发掘，发现并确认了陶寺早期小城、中期大城、中期小城、祭祀区、仓储区、宫殿遗址等。最令人兴奋的是，一座大型半圆体夯土建筑ⅡFJT1被发掘揭露。结合考古学各方面信息，该建筑建于陶寺中期（大约公元前2100年左右），毁于陶寺晚期[1]。

　　中期大城大致呈圆角长方形，东南－西北方向，面积近280万平方米。大城的东南部围出一个长条形的小城，属于祭祀区。ⅡFJT1位于小城中，与大城（内道）南城墙Q6相接。这是一个夯土筑成的3层半圆形坛台。最上层台（第三层）的东部有一组排列成弧形的夯土墩。经探测，这些夯土墩深达2—3m，隔开土墩的略虚的夯土残深只有4—17cm（也就是在夯土圆弧墙上挖出一系列的残深为4—17cm的狭缝）。ⅡFJT1半圆形坛背靠大城城墙，面向东南方。目前揭露的夯土墩、墙的上端面大致在陶寺晚期（距今40—39个世纪）被削到同一平面，位于现代地面下约1m深处。考古学家立刻意识到这些夯土墩可能是一组用于观测日出方位以定季节的建筑物的基础。为了

[1]　中国社会科学院考古研究所、山西省考古研究所、临汾市文物局：《山西襄汾县陶寺城址祭祀区大型建筑基址2003年发掘简报》，《考古》2004年第7期，第9—24页。

证实这一猜测,他们用了两年时间进行实际观测。首先,根据夯土墩、墙的形状找到其圆心,并保证从这一观测点,视线可以穿过全部缝隙。这一点到E1—E10号缝隙的内侧约10m。然后制作了一个高达4m的铁架,它的横截面形状和尺寸可以调整到与夯土墩的缝隙完全相符。这样,站在中心观测点上就可以透过铁架形成的缝隙模拟古人的观测[1]-[2]。

现场和用于模拟观测的铁架,夯土墩的边界用白灰标出,观测铁架安放在E5狭缝上。

初步观测证实,在冬至

图1 陶寺ⅡFJT1发掘现场及安放在 E5上的观测铁架

[1] 何驽:《陶寺中期小城内大型建筑ⅡFJT1发掘心路历程杂谈》,《古代文明研究通讯》2004年第23期,第47—58页。

[2] 中国社会科学院考古研究所山西队:《陶寺中期小城大型建筑ⅡFJT1实地模拟观测报告》,《古代文明研究通讯》2006年第29期,第3—14页。

图 2　观测点圆形夯土基础解剖图

日出时太阳接近但不能进入 E2 号缝；而几分钟后太阳进入 E2 缝中时，已经高出东边的山脉。考虑到 40 个世纪前黄赤交角比现今约大半度，初步计算的结果表明，那时冬至日出时应该在 E2 缝中[1]。夏至时的情况也与此相同：初步计算得到 40 个世纪前日出时适合 E12 缝，而现代的观测却不能适合。冬至和夏至的观测结果令人信服地证明了夯土墩是为观测四季日出而建造的，其他各缝隙应是指示当时历法的一些特征点，而 E1 缝则可能与观测月亮有关。在进行 2004 年 10 月中旬以前的实地模拟观测时，陶寺文化中期的夯土观测点遗迹尚压在堆土台下（为便于模拟观测而暂留的）。此后堆土台清理完毕发现，原计算和摸索得到的理论模拟观测点的正下方竟然是一个核

[1]　武家璧、何驽：《陶寺大型建筑Ⅱ FJT1 的天文学年代初探》，《中国社会科学院古代文明研究中心通讯》2004 年第 8 期，第 50—55 页。

心直径 25cm 的 4 层圆形夯土基础（见图 2），其中心点与先前采用的模拟观测点只差 4cm。这一发现更加证实了 Ⅱ FJT1 的天文观测功能。[1]

众多天文学史专家审读了发掘报告并对实地进行了踏勘，一致认为该遗址与祭天和观测日出确定季节有关[2]。

古代文献和遗物皆证实，用日中影长来测定季节日期，是中国古代一贯的传统，这与世界其他文明的史实有明显的区别。古代中国文献中，极少有观测日出日落方位来定季节的线索，也未发现过有关的遗迹，刘次沅[3]曾指出这一特殊性。因此，Ⅱ FJT1 的发现，对于中国天文学史的研究具有特别重大的意义。它所处的考古文化背景和初步天文分析的结果，都指出它存在于 40 个世纪以前。

---

[1] 中国社会科学院考古研究所、山西省考古研究所、临汾市文物局：《2004—2005 年山西襄汾县陶寺遗址发掘新进展》，《中国社会科学院古代文明研究中心通讯》2005 年第 10 期，第 58—64 页。

[2] 江晓原、陈晓中、伊世同等：《山西襄汾陶寺城址天文观测遗迹功能讨论》，《考古》2006 年第 11 期，第 81—94 页。

[3] 刘次沅：《周初历法问题两议》，《陕西天文台台刊》2001 年第 2 期，第 160—164 页。

2. 测量结果

北京洽恒科技有限公司通过 GPS 定位仪精密测量，得到观测原点地理坐标为东经 111°29′54″.99635，北纬 35°52′55″.84645，海拔高度 572m。在原点的西北方向 200m 处设置辅助点，采用 GPS 定位并解算出两点联线的方位角，以此作为测量方位的基线。在观测原点上用钢尺和全站仪测出遗迹上各个特征点（夯土柱四角）的位置如表 1（参见图 3）。方位角单位为度；y 以正北为正，x 以正东为正，单位为 m。

表 1　狭缝各特征点相对于原点的测量值

测点	方位角	y	x	测点	方位角	y	x
E1–1	131.25	–7.14	8.15	E7–3	94.08	–0.78	10.86
E1–2	132.45	–8.17	8.93	E7–4	92.85	–0.61	12.30
E1–3	129.57	–6.92	8.38	E8–1	89.62	0.07	10.84
E1–4	130.89	–7.95	9.18	E8–2	89.63	0.08	12.28
E2–1	125.66	–6.44	8.98	E8–3	88.60	0.26	10.74
E2–2	126.20	–7.26	9.92	E8–4	88.55	0.31	12.27
E2–3	124.27	–6.25	9.18	E9–1	82.76	1.34	10.54
E2–4	124.43	–6.97	10.17	E9–2	82.56	1.59	12.15
E3–1	119.21	–5.45	9.75	E9–3	82.05	1.46	10.45

测点	方位角	y	x	测点	方位角	y	x
E3–2	119.24	–6.10	10.91	E9–4	80.83	1.95	12.11
E3–3	118.46	–5.32	9.81	E10–1	75.30	2.78	10.58
E3–4	118.53	–5.95	10.95	E10–2	74.90	3.18	11.80
E4–1	112.96	–4.37	10.32	E10–3	74.29	2.98	10.59
E4–2	113.32	–4.94	11.45	E10–4	74.25	3.35	11.88
E4–3	112.03	–4.20	10.37	E11–1	67.22	4.53	10.78
E4–4	112.40	–4.76	11.55	E11–2	67.83	4.64	11.38
E5–1	106.45	–3.15	10.67	E11–3	64.68	5.97	12.61
E5–2	106.35	–3.49	11.91	E11–5	64.93	6.30	13.46
E5–3	105.65	–3.00	10.70	E11–4	64.70	6.71	14.20
E5–4	105.40	–3.29	11.94	E12–1	61.06	6.81	12.32
E6–1	101.44	–2.19	10.82	E12–5	61.40	7.15	13.12
E6–2	100.68	–2.28	12.07	E12–2	61.26	7.54	13.74
E6–3	100.59	–2.03	10.85	E12–3	59.22	7.23	12.13
E6–4	99.94	–2.12	12.10	E12–4	59.64	7.98	13.63
E7–1	94.95	–0.96	11.03	E13–1	55.73	8.07	11.84
E7–5	94.84	–0.98	11.61	E13–2	56.53	8.72	13.20
E7–2	95.28	–1.13	12.28				

这些特征点构成的 12 道观测缝如图 3，狭缝编号 E1—E12。图 3 的正上方为北，纵横坐标单位为 m，左边纵坐标 0 即为发掘发现的观测原点。图 3 标出了表 1 中各点并用适当的联线显示夯土边界。

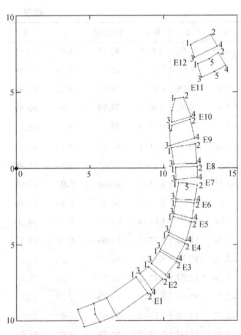

图 3　观测原点和夯土遗迹的测量图

由表1可以解算出12个狭缝中心线的方位角和缝宽。狭缝中心线的垂线与远山背景（约10km外）交点的仰角另行测出。表2给出这些数据（E5—E7号缝仰角数据由北京洽恒科技有限公司测量，其余仰角数据为冯九生用中国社会科学院考古研究所山西队日本产索佳牌全站仪测量）。表1中视宽（从原点看去的缝宽角度）、方位、仰角的单位为度；缝宽和残深的单位为cm。

表2 12个狭缝的测量数据

观测缝	缝宽 /cm	残深 /cm	方位 / (°)	仰角 / (°)	视宽 / (°)
E1	30	6	131.068	5.559	0.36
E2	25	6	125.046	5.809	1.23
E3	20	4	118.872	5.538	0.68
E4	20	9	112.680	6.131	0.56
E5	20	10	106.000	7.203	0.70
E6	20	9	100.638	5.780	0.09
E7	内 20 外 50	16	94.464	4.266	0.76
E8	20	8	89.106	3.324	1.02
E9	内 15 外 40	8	82.304	2.261	0.53
E10	20	4	74.592	1.906	0.61
E11			66.080	1.125	2.29
E12	40	17	60.349	1.267	1.42

因为有的缝方向不太正，所以视宽和缝宽并不成比例。

观测缝 E1—E10 是在一道深达 2—3m 的夯土圆弧墙顶端挖出（墙厚 1.2—1.6m），目前残深 4—17cm，剖面呈 U 字到 V 字形。这些缝多数呈长条形，宽20cm;有的稍宽（E1，E2，E3），有的呈喇叭形（E7，E9，E10），可能是后期破坏所致。E12 由两个较远的夯土墩形成，E11 的情形更为特殊，这些可能与该建筑的祭祀功能有关。可以假设，古人以远山为标志物观测到冬至和夏至的日出点，然后用吊垂线的方法将远山标志（或人为设置的远处标志）引到圆弧形墙基，挖出狭缝作为进一步建造观测缝的标志。进一步的建筑可能用石料或夯土，应有 2—3m 高，以便观测者站在原点上借助狭缝观测日出，现已无存。

3. 利用 E2，E12 号缝的仰角、方位测量值求解年代

3.1 由纬度、仰角、方位求解赤纬的公式

由观测地的地理纬度、天体仰角 – 方位可以求解天体赤纬，如图 4。

图 4 中 Z 为天顶，P 为北天极，S 为天体，A 为天体方位，h 为仰角，δ 为赤纬，φ 为观测地点的地理纬度。对球面三角 PZS 应用边的余弦公式：

$$\cos(90-\delta)=\cos(90-\varphi)\cos(90-h)+\sin(90-\varphi)\sin(90-h)\cos A, \tag{1}$$

$$\delta=\arcsin(\sin\varphi\sin h+\cos\varphi\cos h\cos A),$$

将地理纬度、太阳的仰角和方位代入，即可求得太阳的赤纬。由于二至时太阳赤纬等于黄赤交角，进

而可以求出满足这
一黄赤交角值的
年代。

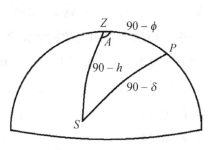

图 4　地理纬度、天体仰角、方位和
天体赤纬的关系

地球极移会影
响观测地的纬度，
章动等周期变化会
影响两至时的太阳
赤纬，这些变化的
幅度都不超过角秒量级，不影响我们的讨论。

3.2　日出假设和计算过程

在一次日出的过程中，太阳的方位不断变化。采
用太阳的不同部分作为日出的标志，会得到大不相同
的年代结果。因此我们采用不同的假设进行试验。

冬至对应 E2，缝中心线与远山交点仰角 5.809°，
方位 125.046°。夏至对应 E12，缝中心线与远山交点
仰角 1.267°，方位 60.349°。这相当于采用日心作为
日出的定义，我们称为"日半出"。太阳平均半径 16′
（0.267°）。在仰角上加减太阳半径，就得到分别相对
于"日全出"和"日出"的情形。考虑到肉眼见到日出

时，实际上太阳已经露出一部分，因而增加"日既出"一项，相当于太阳上边沿露出 2′，这大约相当于陶寺地方冬夏至日出前后 12s 太阳增加的高度。

计算的过程和结果见表 3。表 3 中仰角和赤纬的单位为度，大气折射单位为角分，年代单位为 J2000 起算的世纪。

先由上述定义，分别由"日半出"得到"日全出""日既出""日出"时的日心视仰角如表 3 中第一行。减去大气折射改正得到日心真仰角（表 3 中未列）。

表 3　由陶寺二至日出仰角、方位求解年代

对应狭缝	E2 号缝（冬至）				E12 号缝（夏至）			
日出状态	日全出	日半出	日既出	日出	日全出	日半出	日既出	日出
日心仰角	6.076	5.809	5.575	5.542	1.534	1.267	1.033	1.000
折射改正	8.4	8.7	9.0	9.1	18.6	20.1	21.6	21.8
太阳赤纬	23.712	23.900	24.064	24.088	24.410	24.225	24.060	24.037
年代	21.4	37.7	55.0	58.1	无解	85.0	54.5	51.8

3.3 近地面大气折射

近地面大气折射极为复杂，它与气压、气温、光波波长有关，而这些因素呈变化和不均匀状态，因此只能做粗略的改正。经比较发现，各种公式在1°—5°仰角尚能有1′左右的符合。我们采用美国天文年历说明书给出的近地公式[1]，计算出（表3中第二行）大气折射改正：

$$R = (P/(T+273))(0.1594+0.0196H+0.00002H^2)/(1+0.505H+0.0845H^2), \qquad (2)$$

式中 H 为视仰角；P 为气压，单位 mbar（1bar=10^5Pa）；T 为温度，单位℃。陶寺海拔高度572m（标准气压945mbar），冬至日出时气温10℃，夏至日出时气温20℃。

将真仰角 h，方位 A，当地地理纬度 φ 代入（1）式，即得到（表3中第三行）太阳赤纬 δ。

[1] Seidelmann P K. Explanatory Supplement to the Astronomical Almanac. Mill Vally : University Science Books, 1992. 144.

3.4　由黄赤交角求年代

通常采用的直到 T 三次项的黄赤交角 ε 表达式，显然难以适用。为适合远距历元的应用，Laskar 提出一个直到 10 次项的表达式[1]：

$$\varepsilon = 23°26'21.448'' - 4680.93U - 1.55U^2 + 1999.25U^3 -$$
$$51.38U^4 - 249.67U^5 - 39.05U^6 + 7.12U^7 + 27.87U^8 + 5.79U^9 +$$
$$2.45U^{10}, \qquad\qquad\qquad （3）$$

其中 U 为 J2000 起算的时间，单位万年（$U<1$）。

夏至和冬至时太阳赤经分别为正负 ε。按照（3）式可由 ε 求得 U，并用 J2000 起算的世纪来表达，就得到表 3 最后一行的相应年代。

3.5　结果

表 3 中看出，不同的"日出假设"会得到大不相同的年代结果。当我们"联立"夏至和冬至的条件，就可以同时解出日出假设和年代。

从表 3 中结果来看，"日既出"冬至和夏至年代相

---

[1] Laskar J. Secular terms of classical planetary theories using the results of general theory. Astron Astrophys, 1986, 157 : 59—72.

互符合得最好，其年代结果也差强人意，是最可取的。相对于结果相近的"日出"，"日既出"也更合乎情理（数学定义的"日出"，实际上是看不到的）。因此我们可以得出结论，与 E2 号缝（冬至）、E12 号缝（夏至）符合最好的年代，在距今 –55 世纪（即 –3500 年）左右。相应的观测，是以日面上边沿露出 2′ 为准。

4. 讨论

以上所述天文方法解算的陶寺天文遗址年代，是基于以下假设：现今遗存的夯土边界形成观测狭缝，其中心线垂直向上延伸至与远山的交点，即是当时观测冬至和夏至日出的标准。也就是说，古人要修筑 2—3m 高的立柱，以便在远山背景上呈现出现存夯土轮廓所显示的狭缝，并保持其中心线的严格一致。观测者的眼睛必须严格位于现存直径 25cm 的夯土台中心的垂线上。

考古学研究和 C14 测量估计该设施的建造和使用年代应在陶寺文化中期，即距今 41 个世纪左右。图 5 显示现在（2000 年）、当时（–2100 年）以及我们由天文计算得到年代（–3500 年）的天象，即将现存夯土遗迹垂直向上延伸至远山背景，在相应狭缝看到的冬至和夏至日出轨迹。

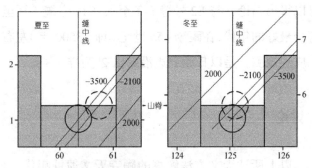

图 5　测量和计算得出的夏至、冬至日出日心运行轨迹

图 5 中给出根据测量和计算得出的夏至、冬至日出日心运行轨迹。横坐标是方位，纵坐标是仰角，单位为度。灰色部分表示形成观测缝的柱子和远山。三条斜线分别给出 2000，–2100 和 –3500 历元的日出时日心轨迹。圆圈表示日面大小。

图 5 显示，对于现今历元，夏至时太阳不能从 E2 缝中经过；冬至太阳经过缝中线时已经明显高于山脊。对于 –2100 历元（即考古学估计的年代），冬至太阳露出一半时，日心几乎恰好在狭缝中心线；但对于夏至

却有些偏差：日出一半时日面已经到了狭缝的右部。图 5 中虚线日面表现了这样的情景。对于 -3500 历元，不论冬至或夏至，太阳都是刚刚露出一点点（2'）时，日心正好经过缝中线。

图 5 中两个狭缝的宽度，是按照测量值的比例画的。因此，由图 5 不难估算出狭缝各处（例如狭缝的两侧）所对应的天文年代。以冬至缝为例，若采用日心（日半出），左侧大约对应 1300 历元，右侧大约对应 -6500 历元。

由于黄赤交角的变化缓慢，由日出方向确定年代，误差是巨大的。陶寺 II FJT1 的中心观测点到各观测柱缝的距离约为 11m（夏至 14m）。1cm 在 11m 处的张角为 3.1'。也就是说，观测原点或狭缝中心线位置偏离 1cm，方位就误差 3.1'。由（3）式可见，黄赤交角每百年变化 47″，3.1'，相当于 4 个世纪。不论对于古人的测量，还是今人根据现存遗迹对古人的恢复，误差都远远大于这一数量。因此天文方法得出的年代，具有相当大的误差，并不能对考古方面得到的年代（至少精确到一两百年）构成威胁：试想观测者的眼睛向左边偏 5cm（人的两眼距离即达 6—7cm），或观测狭缝在现今夯土边界右边 5cm，在 −2100 年时，都可以看到日出一半时恰好位于 E12 缝的中心。这样的误差，相对于古代的观测水平和现存如此参差不齐的遗迹轮廓来说，都是不足为奇的。

如果当初的建造和观测都处于我们设想的理想状态，完全可以想象，陶寺文化中期（公元前 2100 年左右）的观测者就是以半日出为准，冬至居中、夏至偏右来判断两至日的到来。

由天文方法对精确测量结果的分析，可以得出以下结论：

陶寺夯土建筑 II FJT1 的 E2 缝、E12 缝，在角分数量级上分别对应于冬至和夏至的日出方向，而且在考古学所确定的年代（41 个世纪前），其符合程度远比今天为好。这就强有力地证明，陶寺 II FJT1 半圆台和狭缝，是古人精心设计用来观测日出方向以确定季节，即用于观象授时的目的，是我国现存最早的观象台遗址。

应该指出，E2—E12 并未排列在同一个圆弧上（最北边两个夯土墩另成一体），这的确令人费解。何驽

认为 E11 形成"迎日门"，是祭祀的需要[1]。Pankenier
（班大为）认为两部分不是同时修造的[2]。E2—E12 之间
形成 9 个狭缝，显然是均分的结果。中间形成 10 个
夯土墩，将两至之间的时间分成 10 份，也是一种合
乎逻辑的想象，尽管它不符合战国时期形成的二十四
节气。至于是否形成长短不均的"二十月历"或二十
个节气的"十月历"，由于缺少证据，目前还难以定论。

致谢 对陶寺考古队队长、中国社会科学院考
古研究所何驽研究员提供的资料和帮助表示诚挚谢
意；同时非常感谢利哈伊（Lehigh）大学的班大为
（Pankenier）教授将文稿翻译成英文。

［原载于《中国科学》（G 辑：物理学 力学 天文
学）2008 年第 9 期，第 1265—1272 页］

---

[1] 何驽:《陶寺中期小城内大型建筑Ⅱ FJT1 发掘心路历程杂谈》,《古
代文明研究通讯》2004 年第 23 期，第 47—58 页。

[2] 与刘次沅私人通信。

陶寺观象台的天文年代计算

一、初步计算

  2003 年，中国社会科学院考古研究所山西队与山西省考古研究所和临汾市文物局，联合发掘了一处编号为 Ⅱ FJT1 的陶寺文化大型建筑基址（图 1），揭露了该建筑的三分之一。这处建筑基址位于陶寺中期小城祭祀区内，总面积约 1400 平方米。简讯发表在《考古》2004 年第 2 期（以下称《简讯》）[1]。《简讯》称，

---

[1] 何努、严志斌、王晓毅：《山西襄汾陶寺城址发现大型史前观象祭祀与宫殿遗迹》，《中国文物报》2004 年 2 月 20 日第一版；中国社会科学院考古研究所山西队、山西省考古研究所、临汾市文物局：《山西襄汾县陶寺城址发现陶寺文化大型建筑基址》，《考古》2004年第 2 期，第 3—6 页。

ⅡFJT1 平面大致呈大半圆形，始建和使用时代不晚于陶寺文化中期（距今 4100—4000 年），陶寺文化晚期（距今 4000—3900 年）被平毁。根据所揭露部分有三道夯土挡土墙，估计原来有三层台基。第三道夯土挡土墙至台基中心的半径约 11 米，其内侧与生土台芯之间有一道弧形夯土柱列，有 11 个夯土柱，其间有 10 道缝隙，宽度多在 15—20 厘米，填充人工花土。根据这 10 道缝隙的地基部分垂直向上做缝间空隙复原，自中心通过柱间缝隙向崇峰（俗称"塔儿山"）看去，除夯土柱 D10 与 D11 之间的东 1 号缝没有对应崇峰上的山尖外，其余各缝都对应一个崇峰山尖，可见这些柱间缝均为有意设置的。发掘者怀疑这些缝隙原来可能与观象授时有关。为了证实这一推测，山西队进行了实地模拟观测，已获得重要资料，取得重大进展。尤其是 2003 年 12 月 22 日冬至日观测，为推断观象台遗迹ⅡFJT1 的天文学年代，提供了极其重要的实测数据。经过初步研究，我们基本认定该建筑基址是一处古观象台遗迹，其主要功能是观测日出方位以判定时节，为制定历法提供天象依据，即所谓"观象授时"；并推测当时的人们观测到某个时节来临时，可能在此场所举行相应的祭祀活动。

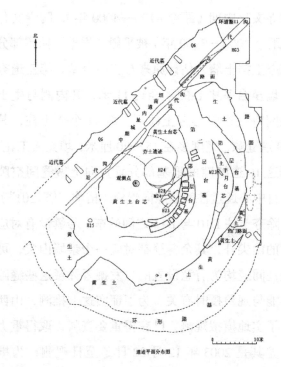

图 1　陶寺观象台遗迹

　　由于这处古观象台遗迹完全由地面标志物构成，我们通过测量、计算可以得到古今冬至日出方位及太阳赤纬的改变量（$\triangle\delta$）。冬、夏二至太阳赤纬在数值上等于黄赤交角（符号冬至为负，夏至为正），因此古今二至太阳赤纬的改变量（$\triangle\delta$）即等于黄赤交角的改变量（$\triangle\varepsilon$）。现代天文学知识告诉我们，黄赤交角（ε）随年代有微小变化[1]，积数千年而变化显著，根据纽康公式可以推算历史时期黄赤交角的改变量（$\triangle\varepsilon$）。设定观测基址包含一条当年二至日出方位的天文准线，那么通过观测数据计算古今二至太阳赤纬的改变量（$\triangle\delta$），就可推算出该基址设计建造的年代，这就是观测基址的天文年代。

当我进行初步计算的时候，只有 2003 年冬至日出过程的录象观测记录，这一记录中的日出方位与高度数据误差很大，不能满足计算要求，当时还没有进行精确测绘，没有足够精度的测缝方位与缝中山仰角的准确数据。为此我设计了一个模型进行初步估算。初算结果成为我的博士论文的一部分，并与何驽联名以《陶寺大型建筑 II FJT1 的天文学年代初探》为题，发表在《中国社会科学院古代文明研究中心通讯》

---

[1] 胡中为、肖耐园：《天文学教程》上册，高等教育出版社，2003 年，第 115—116 页。

2004 年第 8 期上 [1]，这是一个临时性的刊物，选择在此发表，是希望征求同行专家们的批评意见，以便修改后正式发表。结果引起同行专家们的极大兴趣，纷纷指出错误，提出批评和改进意见。

我提出的计算模型将古今日出方位、日高以及赤纬三值的改变量，置于一个小三角形内作近似计算。这个小三角形可以近似地看作直角三角形，但必须要知道两个锐角中的一个角才能完成计算。这两个角分别是周日平行圈与地平经圈及地平纬圈的夹角。由于没有日出方位和高度（或缝中山高）的数据可以参考，我把周日平行圈与地平经圈之间的夹角（本文称之为角 θ）近似地看作与地理纬度（φ）相等。杜升云先生、刘次沅先生先后指出我的这一错误。杜升云先生在我的博士论文答辩会上指出，角 θ 与 φ 相等的情况不全成立。我用数值方法验算的结果是，角 θ 随着日出方位（或高度）而变化，只有在特定情况下才与 φ 值相等。刘次沅先生当面向我指出角 θ 与地理纬度相等的情况在赤道上是成立的，在中纬度地区不成立。刘次

---

[1] 武家璧、何驽：《陶寺大型建筑Ⅱ FJT1 的天文学年代初探》，《中国社会科学院古代文明研究中心通讯》2004 年第 8 期。

沉先生后来把他计算得到的角 θ 值告诉我，与 φ 值相差 7—8 度。

然而，得到准确的角 θ 值，须有日出方位或高度作参考，这在最早进行初算的时候是不具备的；此外，近地平蒙气差是一个理论上尚未解决的问题，我设计的这一方法使用古今太阳高差进行计算，即古今蒙气差互相减掉，因而可以不必考虑蒙气差的影响。因此我仍然不愿放弃在不确切知道日出方位与高度的情况下，完成小三角形近似计算的做法。根据刘次沉先生的建议，我改用数值方法计算周日平行圈与地平经圈之间的夹角（$90°-\theta$）。

江晓原、关增建先生指出日出时刻并不正好等于冬至时刻，须予注意。经验算，冬夏至前后太阳赤纬变化甚小，此项误差为小量，可以忽略不计。但如果是针对春秋分前后进行的计算，则此项误差须予考虑。

陈美东先生提醒古今近日点改变、太阳地平视差、光行差甚至极移等因素均应有所交代。经验算这些因素均为小量，不对本文精度造成影响，一并忽略。

陈铁梅先生向我建议：可以倒过来思考问题——既然考古学碳十四年代是已知的，可以把它设定为天文学年代，从而反推出当时的观测精度。这是一个非常合理的建议，并且在计算方法上与年代推算并无本质差别，只是程序倒过来而已。我们还是先从天文学年代计算入手，完善理论与方法，然后再考虑反向思维的问题。

（一）实测数据

（1）地理纬度

陶寺城址建筑基址ⅡFJT1第三层台基夯土柱缝的观测原点相当于台基的中心位置。与此建筑有关的所有天文观测，都应在此观测原点上进行。用GPS仪器测得观测原点的精确地理纬度为 $\varphi = 35° 52' 55.8'' = 35.882° N$，海拔572米。

（2）冬至日出时间

如图2所示，2003年12月22日冬至，日出与夯土柱D9与D10之间的东2号观测缝密切相关。东2号缝平面呈长条形，长1.2米，宽0.25米。此缝对应崇山主峰塔儿山以西的一个大丘状峰峦。

2003年12月22日冬至早上8点17分38秒，从观测原点可见日出在大峰峦东坡以东不远处刚好露出一半，并不在峰峦山顶上，也不在东 2 号观测缝中。
8 点 20 分，太阳轮廓下边缘正好切于山脊。至 8 点
23 分 48 秒，太阳正好到达东 2 号观测缝正中间，其
下边缘已离开峰峦顶线，悬于峰峦上方。上述观测结
果见表 1。

表 1　陶寺观象台冬至日出观测记录表（2003.12.22）

观测时刻 τ	是否在缝中	日出状态
8 点 17 分 38 秒	不在	日出一半
8 点 23 分 48 秒	缝正中	下边缘高于峦顶

以上模拟观测均有录像记录，数据是通过回放录
像，经过反复核实，最终确定的。经过仔细对照可以
认定时间记录超过 7—8 秒，目视观测即可感觉到太
阳位置的改变。例如当判定太阳在崇山岭上正好出来
一半时读秒，7—8 秒钟后即可判定日出已经超过一半
了，所以目视误差导致的时间记录的误差在 10 秒以下。

由于我们在实际计算过程中使用的是日出和初升
过程中很短的一段时间差（$\triangle \tau$），因此模拟观测记录
的起始时刻是否准确并不重要，且一般机械钟或电子
表即可满足精度要求。

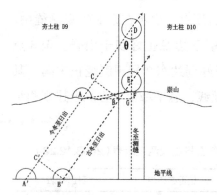

图2　陶寺观象台古今冬至日出方位
　　示意图

根据实地拍摄录像机上的电子表显示，从8点17分34秒日出一半，至8点23分48秒到达观测中缝，其时间差 $\tau = 6\,\mathrm{m}\,10\,\mathrm{s} = 1°.542$。

如上图所示（图2），冬至日早晨从观测点向东南望去，见太阳刚好露出一半在崇山岭上，太阳中心点位置在A；约过6分10秒太阳中心点升至冬至测缝正中心的D，则AD在太阳赤纬所在的纬圈上；过D点作垂线与山顶交于F，则

$$\angle ADF = \theta;$$

E为陶寺文化中期冬至日出时的太阳中心点位置，设日出时太阳的下边缘与山顶相切于F点，故EF为太阳视半径，按太阳平均视半径计

$$EF = 16' = 0.267°;$$

过A点作DF的垂线并与DF的延长线交于G，

过 E 点作 AD 的平行线与 AG 的连线交于 B，过 B 点作 AD 的垂线并与 AD 交于 C。延长 AD 交地平线于 A′，过 B 作 AD 的平行线交地平线于 B′，过 B′点作 AA′的垂线并与 AA′交于 C′，则 A′、B′分别为古今日出地平时的日心位置。我们把日出地平时的情形，平行移至为日出崇山岭时的状态，并认为它们是近似等价的，则 AB=A′B′。于是有

$$\tau = \mathrm{AD}$$

$$\triangle A = \mathrm{A'B'} = \mathrm{AB}$$

$$\triangle \delta = \mathrm{B'C'} = \mathrm{BC}$$

$\triangle A$ 为古今冬至日出方位差，$\triangle \delta$ 为古今冬至日出赤纬差。

经验算，AD 化为时角仅 1°.249（详下文），故 △ADG、△ABC、△AFG、△BEG 等是小三角形，可以近似地看作平面直角三角形，因而可以应用平面三角关系求解 $\triangle \delta$。

（3）照相测量

日出一半时太阳的中心点 A 和测缝中心山顶 F 的连线与水平线之间存在一个夹角，通过照相测量得到该夹角

$$\angle FAG = 6°$$

（二）对数据的分析和处理

（1）时角差 t

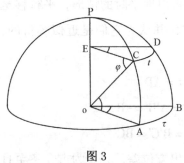

图 3

由于观测地点不正好在赤道上，时间差 τ 并不能直接等于时角 t，须考虑地理纬度 ϕ 的影响。如下图所示（图 3），设 A、B 位于天球赤道上，O 为球心，P 为天极，CE 与 AO 平行，DE 与 BO 平行，$\angle AOC = \phi$ 为地理纬度，以天球半径为 1 个单位即 AO = CO=1，则

$\angle OCE = \angle AOC = \varphi$，$CE = \cos\varphi$；

用 τ、t 分别表示 AB、CD 的弧长，用弧度表示 $\angle AOB$、$\angle CED$，有

$t / CE = \angle CED = \angle AOB = \tau /AO$，

$t/ \cos\varphi = \tau/ 1$

故此，根据地理纬度 φ，将时间差 τ 换算为时角差 t，可

用下式

$t = \tau\cos\varphi$

$= 1°.542 \times \cos35°.882 = 1°.249$

（2）计算角 θ

据球面天文学关系，太阳方位 A、高度 h 与地理纬度 φ、太阳赤纬 δ 有如下关系

$\sin\delta = -\cos\varphi\cos h\cos A + \sin\varphi\sin h$

$\cos A = (\sin\varphi\sin h - \sin\delta)/\cos\varphi\cos h$

今知 $\varphi = 35.882°$，$\delta = -\varepsilon = -23.44°$，太阳高度 h 受山高限制，山高仰角的精确数据虽未知，但根据当时考古队的设备（平板仪、罗盘等）可测知其高度约为 $5°$—$6°$，故设 $h = 5.5°$—$6°$，得 $A = 55.744°$—$55.271°$，其高度差 $\triangle h = 0.5°$，方位差 $\triangle A = 0.473°$。则有

$\tan(90° - \theta) = \triangle h / \triangle A$

$\theta = 43.437°$

（3）计算 $\triangle\delta$

在 $\triangle ADG$ 中，$AG = t\sin\theta = 1°.249 \times \sin43.437° = 0.859°$

在 $\triangle AFG$ 中，$FG = AG \times \tan\angle FAG = 0.859° \times \tan6° = 0.09°$

在 △ BEG 中，BG =（EF + FG）× sin ∠ BEG

=（0.267°+0.09°）× sin43.437° = 0.245°

AB=AG−BG=0.864°−0.245° = 0.619°

在 △ ABC，BC=AB × sin（90°−θ）=0.619° × sin（90°−43.437°）= 0.449°

即古今冬至太阳赤纬差 △ δ = 0.449°。

（三）年代推算

将纽康公式换算到标准历元 J2000.0 年新值，则黄赤交角公式为 [1]：

$$\varepsilon = 23° 26' 21.448'' − 46.815'' T − 0.00059'' T^2 + 0.001813'' T^3$$

式中 T 为自标准历元 J2000.0 起算的世纪数。那么古今黄赤交角的改变量（△ε）亦即冬至太阳赤纬的改变量（△δ）为：

$$△\varepsilon = 46.8150'' T + 0.00059'' T^2 − 0.001813'' T^3 = △\delta$$

将 △δ = 0.449° 代入上式，解得：

---

[1] 中国科学院紫金山天文台：《2000 年中国天文年历》，科学出版社，1999 年，第 507 页；胡中为、肖耐园：《天文学教程》上册，高等教育出版社，2003 年，第 116 页。

T =36.4（世纪数）

考虑到夯土建筑、肉眼观测以及测量误差等可能造成 0.05° 以上的误差，合年代 300 年以上，故其天文年代应为距今 3640±300 年。此与陶寺文化中期的考古学碳十四年代（距今 4100—4000 年）是很接近的。

以上计算方法的优点是，使用古今太阳高差 $\triangle h$ 进行计算，蒙气差可以互相抵消，因而不必考虑蒙气差的影响。缺点是角 θ 值为数值解而非解析解，具有一定的不确定性；$\angle$ FAG 的测定只精确到度等，都对计算结果造成一定影响。因此上述初步计算的结果仅供定性研究参考，更准确的天文年代，须参考精确测绘的日出方位与山高仰角的数据，采用比较合理的蒙气差理论，计算得出（详下文）。

二、专家论证

2005 年春季，中国社会科学院考古研究所山西队与山西省考古研究所和临汾市文物局合作，基本完成了山西襄汾陶寺中期小城内的大型特殊建筑 Ⅱ FJT1

主体的考古发掘。山西队为了验证关于该建筑天文观测功能的推测，自 2003 年 12 月 21 日冬至至 2005 年 9 月 24 日秋分进行了一年半的实地模拟观测，取得了阶段性的结果。中国社会科学院考古研究所于 2005 年 10 月 22—24 日在北京中国社会科学院学术会议厅举行了"陶寺城址大型特殊建筑功能及科学意义论证会"。会议期间，22—23 日，10 位天文学家应邀前往陶寺现场实地考察该特殊建筑 Ⅱ FJT1，并在现场展开讨论。24 日，论证会在北京正式举行。会议由中国社会科学院考古研究所王巍副所长主持。中国社会科学院考古研究所山西队队长何驽研究员介绍了陶寺天文观测遗迹发掘的基本情况和实地模拟观测的初步结果。来自中国科学院自然科学史研究所、国家天文台、国家授时中心、北京古观象台、北京天文馆、上海交通大学人文学院、西安美术学院中国艺术与考古研究所等单位的 13 位天文学家到会参加讨论。南京紫金山天文台的张培瑜先生提交了书面发言。国家天文台、中科院王绶琯院士在书面发言中对陶寺天文观测遗迹的重要意义给予了高度的肯定。来自中国社会科学院考古研究所、山西省考古研究所、山西省博物院、山西大学历史文化学院历史系考古专业的 6 位考古学家出席会议。中国科学院研究生院科技考古系的王昌燧先生、山西省博物院院长石金鸣先生等，就陶寺天文观测遗迹的发现对考古学和科技考古的意义作了发言。中共山西省委常委、省委宣传部部长申维辰同志也到会发言。各位专家就该遗迹在考古学以及天文学方面的意义进行了探讨，认为陶寺天文观测遗迹的发现是多学科合作的成功范例。以下按发言顺序排列各位专家的论证意见如下 [1]。

王巍（中国社会科学院考古研究所副所长、研究员）

中华文明的探索不仅包括物质文明，还包括精神文明和科技文明。为了完成国家科技部"十五"重点攻关项目中华文明探源工程第一阶段"公元前 2500—前 1500 年黄河中游文明形态与早期发展"所交给陶寺遗址的任务，自 2003 年至 2005 年，中国社会科学院考古研究所与山西省考古研究所、临汾市文物局合

[1] 江晓原等：《山西襄汾陶寺城址天文观测遗迹功能讨论》，《考古》2006 年第 11 期。

作，发掘出陶寺城址南部小城内的大型特殊建筑，引起了学术界的广泛关注，对其功能存在着很大的争议。2005年春季，这个建筑的主体已基本发掘完毕，我所山西队也做了一年多的实地模拟观测。特邀天文学界和考古学界非常有名望的专家来参加陶寺城址大型特殊建筑功能及科学意义的论证。

作为考古学家，我们没有资格评判该遗迹是不是天文遗迹。然而我们根据实地模拟观测提出的观象功能推测得到了多位天文学家原则上认可，很受鼓舞，超出了我们的预想。陶寺的这项工作做到现在这个程度，我们真心实意地感谢各有关方面，首先要感谢国家文物局、山西省文物局、山西省考古研究所对我们这项工作的支持。

第二要感谢在座的诸位天文学家，特别是陈美东教授以及他的学生武家璧先生。遗迹是何驽发现的。他虽然注意到了这一现象，但是对其功能的解释毕竟远远超出了考古学家的知识范围。2003年，我在北京参加一次会议时和陈美东教授谈到这一发现，他非常重视，说这一发现很值得从天文学上去考虑。何驽就此事与武家璧多次交流，何驽的一些想法实际上从武家璧那里获得重要启示。因此说发现之功在于何驽，但是这些重要的想法以及与天文学相联系是天文学家们给我们的智慧。我非常真心地感谢天文学家们！

这是一个很好的多学科结合的范例。虽然都在讲多学科结合，但是如何做是个问题。夏鼐先生最早倡导并组织开展科技考古工作，此后很多学者都为之付出了艰苦的努力，做出了积极的贡献。近年来，我们所一些工作的进展也离不开多学科结合。考古工作者需要有相关自然科学的知识储备。在大学进行这方面知识的传授是必要的，但在工作中扩展自己的知识结构也很重要，需要知道该请教哪些专家解决哪些问题。

另一点体会是，考古研究首先必须认真细致地做好考古发掘工作，要及时发现各种遗迹现象，搞清各个遗迹现象的范围和结构及其层位关系。没有扎实细致的田野工作，可能有些现象就被忽略甚至破坏了。考古研究必须从实际出发，我本人并不赞成要首先假设，以假设来指导发掘的说法，这不是我们研究所的传统，也不是科学的考古工作者的态度。陶寺遗址的发掘并不是从假设开始的，而是从寻找与陶寺文化早期大型墓地相关联的遗迹开始的。也就是说，是围绕陶寺早期有没有大型建筑基址，有没有城址等问题展开的。经过为期数年的大面积钻探和有选择的试掘，发现了大型城址等一系列重要遗迹。这个半圆形遗迹被发现的时候，我们并没有立刻把它与天文观测联系起来，而是先努力搞清其范围和结构。我们研究所先后两次组织所内外的老专家和中青年学者到现场，对遗迹现象进行观察分析。首先，看那些缝到底可信不可信。结果是无论大家对这些缝的解释如何不同，在现场观察后，都承认这些缝是存在的。假如这些缝不存在，便失去了继续探索的基础了。无论怎样多学科结合，田野工作首先要扎实。

我认为，在扎扎实实地做好田野发掘的基础上，在对发现的各种遗迹现象的功能进行推测和解释的时候，应当多设想几种可能性，然后，从最复杂的可能去分析，逐渐地去印证或排除，而不能只从最简单的可能性去考虑。有人说，那些缝不就是夯土之间结合的缝吗？如果真是这样就很简单了。但是，不同夯土块之间的接缝应当是紧密相接的，为什么这些夯土缝这么宽？为什么只在这些地方有缝，而且这些缝都是从同一个圆点呈放射线状分布的呢？这就不是仅仅用巧合可以解释的了。在发现了这个遗迹后，通过与天文学者切磋交流，受到了启发，开始进行实地观测，才逐渐形成了现在的认识。

令我们很受鼓舞的是，我们的观测结果和关于该遗迹用途的推测得到了天文学家们的充分肯定。天文学家们的认可是我们考虑下一步如何进一步开展工作，如何保护、复原这个遗迹的前提。

关于这个遗迹，还有许多问题没有解决。专家们提出的很多宝贵的意见和建议，对下一步的工作有重要的指导意义。我们要尽快公布有关资料，以便学术界进行研究。

此外，希望新闻媒体的朋友，你们准确地进行报道。准确无误是新闻报道的第一准则，及时准确地向公众报告我们的最新考古发现和研究成果是我们考古学界和媒体的共同责任。对国际的宣传也是十分必要的。我们会在专家认可之后，以适当的形式对外进行宣传。

江晓原（上海交通大学人文学院院长、科学史系教授）

近来报刊、媒体披露了陶寺遗址发现天文遗迹的消息，通过实地考察，我有了比较深刻的印象，使人联想到英国的"巨石阵"（Stonehenge）。在国际学术界，巨石阵几乎已经成为一个约定俗成的术语，用来指称那些被认为可能有天文学意义的、通常是环形的史前建筑遗迹。其中最著名的是矗立在英格兰西南部索尔兹伯里旷野上的史前巨石阵。但是，类似索尔兹伯里的巨石阵遗址都有一个共同的问题，即在遗址中通常没有一个被明确标识的观测点。对于确认此类遗址的天文学意义来说，这是一个非常严重的缺陷。因为观测点的选择直接影响到观测的结果，而没有明确标识的观测点，今人就无法确切知道当时人们是站在哪里进行观测的。这就使得那些在遗址中探寻天文学意义的人，不得不假设各种各样不同的观测点，而每一个假设的观测点都会对应一整套观测结果。

陶寺城址的 II FJT1 基址的发现，不仅改变了以往中国从未发现这类遗迹的历史，而且在遗迹中，竟发现了一个有明确标识的观测点！有了它，陶寺城址的 II FJT1 基址就具有了超乎欧洲诸巨石阵遗址的科学价值，有了独特的优越点。现在可以首先立足于这个点进行进一步的天文学观测，而不必被别的假想的观测点所困扰了。

这种进一步的天文学观测，还将因陶寺城址的历史背景而呈现出更为重要的意义。陶寺城址和史籍中"尧都平阳"的记载正相吻合，城址巨大的面积和格局也在提示人们，也许这里真的就是帝尧当年的都城！而且，在《史记·五帝本纪》《尚书·尧典》等史籍中，都记载着帝尧和天文学的特殊关系……将这些和ⅡFJT1 基址中的"巨石阵"联系起来，那将是一幅令人心往神驰的历史画卷。

关于ⅡFJT1 基址未来的天文学观测，我建议：一、应将柱列地表部分按照夯土位置复原，在此基础上进行观测。二、观测应以周年为期持续进行。三、将观测对象从太阳扩展到月亮和明亮恒星，也可以考虑五大行星。这样的天文学观测，很可能会发现更多的与柱列对应的特殊天象，也能更全面、深入地揭示ⅡFJT1 基址的天文学意义。更重要的是，这还可能会对揭示世界上别处巨石阵遗址的天文学意义做出中国人特殊的贡献。因为我们应该注意到这样一个事实：ⅡFJT1 基址与索尔兹伯里巨石阵的年代几乎相同。

在距今如此遥远的年代，在相隔如此遥远的地方，竟有如此异曲同工的史前建筑，着实耐人寻味。

陈晓中（北京天文馆研究员）

中国社会科学院考古研究所、山西省考古研究所等单位的考古学家，联合在山西襄汾陶寺城发掘的古观测遗址，是有合理成分的。我根据已经发表的资料作了初步的计算，有以下认识。

1. 从布局示意图看，冬至到春秋分角度为36°，春秋分到夏至35.5°，有合理成分。

2. 关于日出的地平位置角。太阳（包括月亮和星辰）出地平面的瞬间，与当地正东的角度 A，即地平位置角，由下式规定：$\sin A = \sin \delta \odot / \cos \varphi$。

$\delta \odot$ 为太阳赤道纬度，φ 为当地纬度。据武家璧先生的计算得出，距今4050年前的太阳赤道纬度是 $23°55'57.052'' = 23°.933$；而陶寺的地理纬度是 $35°52'55.8'' = 35°.882$。

$\sin 23°.933 = 0.40567$，$\cos 35°.882 = 0.81022$；$\sin A = 0.50068$，$A = 30°.04$

冬至时，太阳赤纬 $-23°.933$，地平位置角为东向南 30°.04；夏至时，太阳的赤纬 +23°.933，地平位置角由东偏北 30°.04。冬至到夏至的地平位置角为 2×30°.04。与陶寺这个遗迹观测夏至到冬至扇形中心角大致相合。因此，观象台不一定是完整的圆，半圆就可以，能观测到冬至到夏至的扇形就足够了。

3. 从示意图上可以看出，观测夯土柱按弧形但非等间隔布列。这是由于太阳运行的平面相对于地球赤道平面存在黄赤交角，因而每年中有周期性对称起伏变化，所以反映在日出点的地平位置角成为不等间隔，这样使得观测的夯土柱构建也相应为非等间隔。可以说夯土柱的非等间隔是适用于天文观测的。由于没有距今 4050 年前的太阳历表，只能用当前的太阳历表数据作推算到陶寺当地的模拟计算。我们试用自 2004 年冬至到 2005 年春分，按半个月的太阳赤纬来计算"日出点的位置角"，结果自 2005 年 1 月 15 日至 3 月 15 日位置角差数依次为 4.4°、6.3°、5.1°、8.4°。距今 4050 年前太阳赤纬比现在要大，所得到的 A 值以及差数也稍大。应当指出的是，这只是三个月的计算。如果计算到全年，可以看到出现与夯土柱间隔相对应的度数。在后面讨论月亮位置角时，还可进一步显示。

4.《尧典》记载四中星可借助夯土柱进行观测。《尧典》记载:"日中星鸟,以殷仲春;日永星火,以正仲夏;宵中星虚,以殷仲秋;日短星昴,以正仲冬。"明确指出以观测鸟、火、虚、昴这四星宿在黄昏时,正处于南中天的日子,以定出二分二至,作为划分季节的依据。这里我们来讨论,当时对这四星宿刚刚出地平的观测模拟。现在我们将这四个星宿的现在赤经和赤纬归算到距今 4050 年前的赤经、赤纬,来计算它们出陶寺的"地平位置角"。计算公式是:

$$\alpha_{4050} - \alpha_{现在} = (46''.085 + 20''.047 \sin\alpha\tan\delta)(t_{4050} - t_{现在})$$

$$\delta_{4050} - \alpha_{现在} = 20''.047\cos\alpha(t_{4050} - t_{现在})$$

α是赤经,δ是赤纬。

鸟宿现在赤经 104°,赤纬 -9°;4050 年前赤经 85.9°,赤纬 +8.3°。大火现在赤经 247.6°,赤纬 -26.5°;4050 年前赤经 185°,赤纬 -17.7°。虚宿现在赤经 324°,赤纬 -3.5°;4050 年前赤经 271.5°,赤纬 -21.8°。昴宿现在赤经 56.8°,赤纬 +24.1°;4050 年前赤经 356.8°,赤纬 +11.8°。

结果为:鸟宿出东地平时的地平位置角为东偏北 10.3°,由于山高,可能在东 9 号缝观测。大火出东地平时的地平位置角为东偏南22°，可能在东4号缝中观测。虚宿出东地平时的位置角为东偏南27.3°，可能在3号缝中观测。昴宿出东地平时的位置角为东偏北13.9°，可能在9号缝中观测。

5. 存在观测月亮的痕迹。月亮绕地球运行的轨道平面不与黄道平面重合，而是平均为5°09′的交角，称为黄白交角。而这个交角是有变化的，最大可达到5°18′ = 5°.3。当月亮运行到黄道平面以南时，它的赤纬就成为：

$$23°.933+5°.3 = 29°.233$$

这时月亮出陶寺的地平时的地平位置角A就是37°.1。这与冬至日出位置角30°.04就相差37°.1－30°.04＝7°.06。这也就是说没有日出观测功能的东1号缝与月亮最南点观测有关。

同理，当月亮运行到黄道以北时，赤纬就是23°.933－5°.3 = 18°.633。这时月亮出陶寺地平时的地平位置角A就是23°.23。这与冬至日出位置角为30°.04就相差了30°.04－23°.23=6°.81。这就意味着东3号缝与月亮最北点观测有关。

月亮在相等的时间间隔中，它每次出地平的地平位置角 A 也非等间隔，从而证实夯土柱排列的非等间隔，也适用于月亮观测。以 2005 年 1 月的月历表为例，4 日至 15 日位置角差数依次为 $7°.5$、$7°$、$6°.1$、$4°.9$、$2°.6$、$0°$、$3°.9$、$5°.2$、$6°.8$、$7°.7$、$8°$。

综上所述，陶寺古观测遗址，极可能是用于天象观测的，但也不排除兼有其他功能。《尧典》中记载"历象日月星辰"是可信的。

伊世同（北京天文馆研究员）

陶寺大型建筑面世，有关其天文学功能的推测在国内学界引起不同反响。我认为古人祭天与测天场所是混一的，天文与气象也不分科。因此陶寺尧都新发现的古代司天遗址似乎以称乎观台为是。尧代敬授民时等情况，仅见于《尚书·尧典》，详情细节从文献中是无法印证的。这次陶寺城址大型特殊建筑功能及科学意义论证会的召开，可以说是拨开迷雾见晴天，具有划时代的意义。

经初步核实：设能把当年环状土础阵块复原，它大概呈现出等分地平为 48' 的刻划体制，即平均每块约合地平经度为 $7.5°$。东北角突出的两块土（所谓夏至缝）础缝，是当年月亮位于白道最北点时出升的方位。这方面的核验，建议先以观台中心点为据，测一条天文子午线。该子午线一旦测定，则其余础块方位分析可迎刃而解。从室内图解作业中就可求得相应结果，精度足够，可能比文字描述更为易懂。等分地平为 48′ 的分划制度，已显露出日、月交会的周期率。月亮最北升点的显示，也表明古人对月亮的特别关注。

孙小淳（中国科学院自然科学史研究所研究员）

2004 年以来，以中国社会科学院考古研究所研究员何驽为首的考古学家在山西省襄汾县陶寺中期文化城址发掘大型建筑基址，经考古学家与天文学家的研究与论证，初步认定这是中国史前尧帝时代（约公元前 2400 至 2000 年）的天文观象台。

该建筑（ⅡFJT1）依托陶寺中期大城南城墙，向东南方向接出大半圆形建筑，其结构由三层夯土台基组成。第三层台基有一道弧形夯土基础墙体，其上挖出相当规则的 10 道缝隙。另外在东北方向第二层台基上，也发现两个夯土板块，形成第 11 条和第 12 条缝的标志。可以推测，这些柱缝是供天文观测使用的。

从台基中央一点可以经由所有柱缝向外观测，这就构成一个观测日出等发生在地平的天象的观测系统。尤其令人信服的是，考古学家在天文学家根据柱缝的天文指向线汇聚点发现了用夯土筑同心圆标志，与周围的生土台基截然不同，显然是古时观测者站立的观测点。

东面距该建筑约 7 公里处是崇峰山体，构成了从北到南起伏的东方地平特征。由于太阳从东方地平升起的方位是随季节变化的，从冬至时的东南最南处到夏至时的东北最北处再回到冬至时的东南处，所以就可以根据日出的方位确定季节。因此该建筑东侧半弧形的柱墙上的柱缝肯定与观测日出有关。根据何弩等人所作的初步观测推测，东 2 号缝对应于冬至时日出方位，东 7 号缝对应于春秋分时日出方位，东 12 缝对应于夏至时的日出方位，其他各缝都对应于一年之中两个时日的日出方位。由于山体有一定的高度，所以所有日出时间要比理想地平日出要晚，因而日出方位要偏南。例如春秋分时，理想地平日出方位是正东方，而实际太阳升出峰峦的方位是正东偏南。又由于黄赤交角在 4000 年前比现在大约半度，所以冬至时日出方位在4000年前时要比现在日出方位偏北约半到1度。也就是说，现在冬至日太阳刚出峰峦时在东2缝应是看不到的，要等太阳再上升一定的高度才能从缝中看见。把这些因素考虑进去之后，就可以根据现在的观测推测当时每条缝对应日出的时日。所以可以认定，陶寺该建筑遗址至少是同观测日出以定时节有关的。

观象授时是上古先民的传统。古人可以采用日出日没、昏旦中星、恒星偕日出没、立表测景等多种方法测定季节，其中日出日没方位变化是最明显直观的方法。中国早期志怪著作《山海经》就记有六座日月所出之山与六座日月所入之山，反映的当是观测日月出入定季节的情况。这个建筑遗址发现于传说中上古帝王尧帝的都城遗址，更能说明它确实与观象授时有关。关于尧帝我们虽然缺乏信史材料，但秦汉时期的古文献《尚书·尧典》中确有一章专门关于尧帝如何派天文官去观测天象以制定历法，说历象日月星辰，敬授民时；寅宾出日，平秩东作；日中星鸟，以殷仲春；日永星火，以正仲夏；寅饯纳日，平秩西成；宵中星虚，以殷仲秋；日短星昴；以正仲冬；期三百有六旬有六日，以闰月定四时成岁。这段文字中提到两种观象授时的方法：一是观测太阳出入方位，一是观测昏中星。前者正好可以印证上面关于该陶寺建筑遗址的功能的推测。关于尧典四仲星，笔者曾推算表明它们是距今约 4300+/–250 年的天象。陶寺文化中期的碳 14 年代距今 4100—4000 年。武家璧等假定东 2 缝是当时冬至的日出方位，与现在冬至的日出方位比较可以推算黄赤交角的古今差值，从而估算出该建筑的年代也为距今 4100 年左右。这些用不同方法估算的年代都与传说中的尧帝时代一致，说明该建筑是尧帝时代的观象台建筑遗址无疑。

尽管如此，有必要对这种观象台的性质作进一步的讨论。建造这样的大型建筑，并设计柱缝与一些固定时日的日出方位对应，这需要事先对季节变化与日出方位的关系有全面完整的认识。也就是说，该建筑可能不是直接作于最初的观测研究的，而是一种演示性的观象台，或者是应用性的观象台，是为一年之中举行重要的祭祀崇拜活动而建立的祭祀观象台。这一点实际上并不奇怪，因为远古时期并不存在我们现今纯粹科学意义上的天文学，天文学在古代是与宗教祭祀紧密相联的。但是毫无疑问，它的存在说明当时的天文学知识水平已经达到了相当的高度。

另外，为了进一步弄清该观象台的观测功能，有必要利用现存的遗址进行必要的复原，然后对日出之外的天象进行观测。东1缝在日冬至所出方位之南约7度，这很可能与观测月出方位有关。还可以考虑行星及一些重要的恒星，如大火、参星以及上面提到的四仲星等，这些恒星都是中国古代先民观测的重要星象。

现在已经发现其他古代文明也有远古时期的天文观测遗迹，如英国新石器时期的石阵，美洲印第安人的巫医魔轮等。陶寺发现的尧帝时代的观象台遗址，不仅对于了解中国远古文明时期的天文学特别重要，而且对于研究世界史前天文学的发展具有重要意义。

李东生（北京古观象台常务副台长、副研究员）

近来，陶寺发现可能具有天文学意义的大型建筑，引起了我们的注意。通过到陶寺实地考察，我认为这个遗迹就是观象台定性上没有疑问。尤其是观测点先通过观测缝计算推算出来，然后把土堆台子打掉，发现了计算观测点之下的夯土观测点遗迹，令人信服。我认同古代观象台不只是天文观测，而与祭祀合为一体，这在遗迹中也有所表现。何驽先生曾在现场给我们指出一个"门"（介于第1号土柱与夏至南柱之间），作用是迎日的，与《尧典》"寅宾出日"相合。

王玉民（北京天文馆副研究员）

陶寺中期小城内大型建筑的天文学功能，引起了天文学界的关注。我与部分天文学家一样，认同该遗迹为天文观测遗迹，但我主张应当进一步复原模拟观测。而且除了观测之外，还应利用现在的条件方法对日出位置和时刻进行更精细的推算。比如黄赤交角是有变化的，何驽他们作的模拟观测虽考虑到黄赤交角变化，但是大致估计说差一两天，没有计算，故很不精细。黄赤交角在各时段变化是不一样的，大致估计不妥，必须计算。

另外，我根据示意图计算，从冬至到春分即从东2至东7号缝共计6个缝共36°，就是说冬至日出到春分日出角的方位差度为36°。我作了一下推算，利用2004—2005年的日出地平方位角，用软件计算，地平日出是指太阳的上缘切于地平线、蒙气差为天顶角 90°50′时的值，推算结果是从冬至到春分地平日出角 29°39′。我用天文软件推算公元前 2003 年临汾冬至到 春分地平日出角差应是 30°05′，比 36°还差近 6°。如 果按照缝的间隔角度，从冬至的东 2 号缝到东 6 号缝 就够 29°了，比模拟观测的春分提前一个缝就到达春 分点了。是否由山高造成的呢？实地考察那天有雾没 有看到山，无法判断。但是山高似乎难以造成 6°的 误差。即使冬至日出点偏高，春分日出点偏近地平线， 会加大这一角差，但是也不会大到 6°，最多 1°—2°。 因此下一步再仔细计算一下日出方位角度，与模拟观 测相结合，寻找确切原因。

再者，台基生土台芯半径大致 13—14 米。不久 前我在我的博士论文中提出一个假说，认为人在目视 观天时，可能出于直觉将头顶的天体想象成一个半径 13 米左右的天球，把天象都透射到这个天球表面上来 进行观测。陶寺的观测柱到观测点距离大致 14 米左右。 我认为我的这个假说对陶寺这个遗迹的天文观测功能 应是一个小小的支持。古人观测时可能没有角度概念 而有长度概念。古人观测时太阳轮廓投射在柱缝中大约半尺左右。

总之，我认为这个遗迹可以初步确定是古人进行天文观测的遗址，意义十分重大。目前我国古代天文观测遗址保存下来的很少，北京古观象台年代较近，台体、仪器、院落、建筑都是全的。再往前，开封的观星台，只有台体没有仪器了，年代越久远，所剩就越少，但它们都同样弥足珍贵，因此对它一定要保护好，条件成熟时可考虑进行复原，建成天文遗址博物馆。

席泽宗（中国科学院院士、自然科学史研究所研究员）

2000 年 4 月香山科学会议第 136 次会议（科技考古会议）上，我在题为《呼唤中国考古天文学》的发言中介绍了一些国外天文考古的成就，呼唤中国考古天文学的诞生，提出为什么国外能够找到那么多石器时代的遗迹与天文有关，而偌大个中国却没有？我提出这个问题后，王巍先生和王昌燧先生都很支持，他们说已有些线索。但是考古发现与自然科学的发现一样，有些是可遇不可求的。于是，2003 年何驽先生在陶寺找到并发掘出了一个半圆形的建筑遗址，我听说后就立刻感到非常重要。之所以重要，是因为该遗迹肯定与天文观象有关，解释成别的功能反而更难说通。

　　然而，我认为将它与英国巨石阵媲美存在有两层问题。其一是让英国人觉得我们有意在与他们争第一、争最早。其二，更关键的是英国巨石阵是不是天文遗址。肯定与否定者都大有人在。最近就有人提出巨石阵是个养马场。我认识的几位参观过巨石阵的学者都说看不出它有天文学意义。而现在是越考证越复杂，有人认为它不是一次建成的，不全是公元前2000年建的，在后来几百年中又加了许多石头。说是养马场也不无道理。因此巨石阵究竟是不是天文遗迹还成问题。而将陶寺的这个遗迹与英国巨石阵媲美，实际是贬低了我们自己的发现。我们不必找参照物，就说我们发现了公元前2000年前的一个天文观象观测遗迹，而且有文献可以印证。《史记·五帝本纪》里有尧的记载，而"尧都平阳"的说法可以和陶寺遗址联系起来。《尚书·尧典》中的天文学知识又十分丰富。陶寺作为尧都，建造观象设施一点不奇怪。

　　从建筑的角度看，巨石阵的石头布局是很乱的，现在研究者采用的方法随意性很大。倒是美国印第安人的"医轮"（medical wheel，一种在平地上用小石块砌成两重圆形堆积物），外面还有六个石堆，与陶寺的该遗迹有点相似。美国天文学家 A. Eddy（曾任国际天文学联合会天文史委员会主席）认为，此轮有天文意义，既能看太阳出没方向，也能看月亮的运行，但其年代约为公元 1400—1700 年，时代很晚，而且没有明确的观测点。而我们陶寺这个遗迹接近圆心有个观测点，这比国外相关遗迹没有观测点要强得多，是能够站得住脚的。

已有的模拟观测只观测了太阳，作为阶段性成果是可以的，发表后引起更多人的兴趣与重视，但还应进一步考虑它能否观测月亮和四仲中星等，更会前进一步。

总之，我建议陶寺发现的这个建筑称为四千年前天文观测遗迹比较妥当。我对这一发现感到非常高兴，因为以往我们的天文考古研究主要是研究与天文有关的出土文物，缺乏西方那样对史前天文遗址的研究。陶寺天文观测遗迹的发现，是中国考古天文学的真正开端。

殷伟璋（中国社会科学院考古研究所研究员）

陶寺遗址发现这样一个"特殊"遗迹后，去年我在陶寺实地考察这个遗迹时，觉得很重要。何驽同志将它与观测天象联系起来思考，想法很好。但我主张要多听取天文学家的意见。因为它是不是观象台，必须得到天文学家的认定。天文学家们认为这一遗迹与古代居民观察天象有关，这一看法十分可贵。

我们在考古发掘中发现的遗迹，涉及古代社会的方方面面，仅靠考古这单一学科，往往难以解释。对一些遗迹的性质的认定，只有多学科协作与交叉研究，才有可能解答。因此，希望天文学家们多提问题，就这一遗迹与古代先民观察天象方面的情况，多发表意见。这对何驽同志的工作有很大帮助。

农业的发展是离不开对天象的观测的。我国的农业在距今一万年前后出现，到陶寺遗址所处的年代，已经经历了约五千年。从这一角度观察，出现这样的观测天象的建筑当非偶然。不过，观测天象的目的是否仅止于划分"两分（春分、秋分）两至（冬至、夏至）"？因为仅仅为测定"两分两至"，不一定要建这样一个大型建筑。是否涉及对日月星辰等多方面的观测？

至于遗迹本身的问题，应该说，目前揭露出来的现象是客观的、真实的。唯因历史久远，如今看到的只是它的基础部分。这一建筑的上部究竟有多高？是什么形状？已经无法知晓。但因基础部分保存相当完整，特别是还有观测点，十分难得。但它的上部是否都是4米高的方形立柱，恐未必。虽然用夯土技术可以建造，但4米高的土柱不可能长久使用。这些立柱上部究竟做成何种形状，不妨提出多种方案，进行合理的复原研究。这样做，对揭示当时观测天象内容、了解其天文学发展水准，均有意义。

对于考古工作者而言，发现一个重要的遗迹并将它客观地公布出来，这是我们基础性工作。但对它的用途、功能与价值，当然也要作必要的诠释。由于古人留下的遗迹往往涉及其他学科的研究领域，对它的用途、功能与科学价值，就必须充分听取相关专家的意见。这是多学科协作，实行学科交叉的极好机会。各方专家对这类遗迹进行合作研究，可有效地揭示其科学内涵，这对揭示我国科技的发展与科技史研究，也是极有意义的。

刘次沅（中国科学院国家授时中心研究员）

我阅读了近来有关陶寺这个大型建筑的报导文章，身历其境参观了发掘现场；尤其是通过《陶寺大型建筑ⅡFJT1的天文学年代》一文得知冬至点的观测结果。从这些材料看来，这个遗址显然是与观测太阳出升方位来定季节有关的。应当说它是当时的观象台，或曰天文台。不过，这里还想提几条建议。

1.我们看到的观测数据远远不足。最基本的测量应包括从中心点看到的各缝隙中心的地平方位角，背景山脉的仰角（以上都精确到0.1度）。这些用考古界常用的测量仪器都不难做到。

2.有了以上数据，太阳月亮和其他天体的升落位置等天象都不难计算出。和几次精确规范的实际日出观测加以对比就可以确认计算的方法和结果，不必作特别大量的观测。

3.若能按照合理想象恢复原建筑并加以持久的观测，有可能发现理论计算难以想到的问题。对于深入研究是有利的。

4.《陶寺大型建筑Ⅱ FJT1 的天文学年代》一文的天文计算还有待进一步完善,4050 年的结论恐怕不一定这么恰好。其实根据遗址方位求年代是非常粗疏的。只要能证明现代不入缝,4000 年前入缝,就是非常成功的。

5. 该建筑作为观象台的功能,还存在一些需要思考的问题。(1)柱缝高达 4m,给建筑结构造成极大困难,从功能上讲有什么必要? (2)观测方向(东南方)地面很高,这样的"倒栽坡"是否适宜做观象台? (3)观测季节需要日升日落同时进行(因为不能保证天晴),西边没发现相应建筑是个遗憾。

因此,陶寺所发现的这个观象台,还需要更加深入细致的论证工作。

陈美东(中国科学院自然科学史研究所研究员)

陶寺发现大型建筑不久就通过何驽与武家璧的交流进入了我们的视野。我们当时初步认为其功能应与天文观测有关。何驽他们做了很多发掘与观测工作,实际上已经做出了必要的初步证明。证明之一是冬至观测缝的发现,冬至那一天从观测点看过去,太阳刚好通过东 2 号道缝的偏左侧，和对应的山头相切，这不可能是一般的巧合，约四千年前的冬至缝就是同一的观测缝，因为黄赤交角古大今小变化的影响，那时日切应在缝正中，更加证实其冬至观测的功能。

证明之二是夏至观测缝的发现。如果没有夏至缝的话，天文观测的功能便值得怀疑。夏至那一天太阳刚好通过东 12 号缝的偏右侧，和对应的山脊相切，同理也更加证实其夏至观测的功能。

证明之三是东 7 号缝春秋分观测缝的发现。这些同《尚书·尧典》所载当时已有二至、二分的概念正相吻合。

证明之四是观测点的发现，这更加扎实地证实该遗迹的天文学观测功能。通过该点能观测到所有缝相对应山头或山脊的日出，从而构成观测点、观测缝与相对应山头或山脊的相当严格的观测系统。这些都是客观的发现而不是巧合。天文学功能应当是可以确定的。当然有别的解释也是很欢迎的，而天文学的解释则是靠得住的。诚然，已有的观测如各观测缝的方位角及相对应山头的高度角，均需要作进一步的计算和论证。此外，日出时间、切点都需要精确的测量，现在提供的观测结果还不充分，这些后续的工作应该做，才能给予精细的证明。从目前来看，陶寺人可以利用这个建筑观测日出，将一年分为20个节点是可以肯定的，而当时没有二十四节气。

徐凤仙（中国科学院自然科学史研究所副研究员）

陶寺大型建筑的天文学功能推测，受到天文史学界的普遍关切。我认为其特殊的建筑形制本身就暗示着它可能与天文观测有关。目前，观测冬至和夏至日出的功能已经确定，则应该可以肯定这是一个观象授时的遗迹。

这个遗迹的发现对于中国天文学史研究具有重要意义，它证实了帝尧时代确实进行过天文观测。它也促使我们重新认识早期的天文观测。一般认为中国古代定季节是靠观测正午日影的长短变化，实际上日出之影与日入之影的观测早于立表测正午之影。陶寺遗迹可以用来准确地观测冬至和夏至日出，表明在此建筑之前先民已经知道从观测点看二至日出的方位。《史记》载黄帝"迎日推策"，多种文献都将历法之首创归于黄帝时代。从"迎日推策"到准确地知道二至日出方位并确定一年 366 天，看来是长期观测日出的结果。

遗迹相邻缝隙的夹角从 6.5° 到 8°，从其大小分布来看，我认为这些缝隙本意是要建成均匀的，这可能正反映了中国早期天文学发展的一个阶段。"盖天说"认为日影千里差一寸，汉代的纬书中有日影在二十四节气中均匀变化之说，这些迹象显示中国古人曾认为日影的变化无论在时间上还是在空间上都是均匀的。很难说 4000 年前的人就有了二十四节气的概念。但陶寺人很可能在确定了二至日出方位之后，认为一年中日出方位是均匀变化的，故将其间的缝隙建成均匀的。因此对这样重要的一个古天文遗迹必须要作进一步的计算和观测研究。

李勇（国家天文台研究员）

陶寺发现大型特殊建筑ⅡFJT1，其功能非常值得深入探索。我基本认同其功能为兼观象授时与祭祀为一体的建筑，它极可能是用于观测某天体（诸如太阳）所处特定位置（方位）时进行祭祀活动的场所，但其具体的天文功能尚需进一步拓展思路，大胆假设，详加小心论证。

就现有工作看，有待补充一个更为详细而专业的天文论证报告，以保证4000年前的陶寺地区的确可以实现所设定的天象观测。现代实测固然重要，它能积累数据、获取精度，但无疑模拟古代的观测更为重要。可喜的是，现代的计算机完全能胜任并完成这一复杂工作。尽管古今观测必存差异，但当时的观测却更具意义，只有这样才可进一步讨论其观象功能的细节。对于如何观测我还有一些看法。

其一，根据残存的10余根夯土桩，及其深度从2.3m至2.7m不等这一事实，实际上已基本否定了当时利用狭缝进行天象观测的可能，因为如果仅利用狭缝观测，则没必要设计不同深度的夯土桩，对此我们应引起足够的重视并进一步拓宽思路：诸如这一场所果真具有观象功能，则完全不必非得利用狭缝，也完全不必非得观测日出山顶。

其二，不少学者认为的直接望日的观测方式实不足取，因为中国古代的对日观测总是立表（或圭）测景（影），文献史料中少有直接望日的观测记载，如果说日出时其光线强度尚不足以毁人双目，那么日出山顶而直接望日恐为笑谈。总之，立表测景在中国沿用千年，狭缝观测缺乏文献依据。

其三，由于该建筑地表部分不存，故不确定因素和可供想象的空间极大。研究者还应设计出不同的观象方案，并从这些方案中考察、选择直到恢复和再现最佳方案。

总之，多学科交叉的合作研究模式是现代科研工作的发展趋势，陶寺城址大型特殊建筑的功能研究或许就是一例。

周晓陆（西安美术学院中国艺术与考古研究所教授）

中国社科院考古所在陶寺城址发掘发现大型建筑基址ⅡFJT1，是一项很有意义的工作。首先，有关ⅡFJT1是一座天文台或者天象观测台的推测，是迄今最具说服力的意见。人们一直认为中国古代最古老、最有代表性的天文仪器是"表"。中国古代天文观测资料的大量、丰富、详尽，世所公认，那么这些资料获得的方法、手段、仪器甚至建筑设施，也应当与"大量、丰富、详尽"相适应。无论对欧洲史前"巨石阵"有何不同解释，但对其天文观测的解释，对ⅡFJT1的认识，有启发作用。

对于上古高度发达的农业文明，对于建筑在这一文明基础上的"超稳定状态"的社会生活与强大管理，对于这种生活与管理对古天文的特殊需求，对于"超稳定状态"所造成的对古天文观测手段应有的"全面"掌握，没有"巨石阵"那样的构造，可能有悖史实。石块结构所造成的"天文观测台"的面积、构造、观测原理及方法，土木或其他结构建筑也应当能够达到。

II FJT1 早期观测的对象不限于太阳，早期观测的结果也就不限于"二至二分"，这是其复杂于"表"之处。这里，我想整理一下中国古天文学的观测诉求：

1. 对属于自然周期的"太阳年"的确认（二至二分），这应当和早期农业一样古老，不晚于新石器时代早期。至于后来人工周期"季节"和"（太阳历）月"的规定，则不早。

2. 对属于自然周期的"太阴月"的确认（朔、望、新月）。月亮太美丽，圆缺变化太明显，人类对这一周期的认识甚至形成于旧石器时代，到了新石器时代已经成为生活常识。

3. 在符合农业周期需要的"太阳年"背景下，对易于观测的"太阴月"进行整合（例如置闰），形成"阴阳合历"。这不晚于农业的产生和定居生活，即不晚于新石器时代。殷商甲骨文、西周金文中均有表达。

4. 对于并不稀见的日食、月食的观测记录（口头的、后来文字的），以及产生的预测要求。这在人们考虑了太阳周期，以及月亮周期的认识稍后，当不晚于新石器时代。殷商甲骨文中有较早成文记载（包括卜测与记录）。《伪书·胤征》及《左传·昭公十七年》记载了夏代对日食预报"先时者杀无赦，不及时者杀无赦"的严厉要求，这种预报似乎已经很成熟了。

5. 对于大而明亮的一些恒星的观测，以及指出主要是"太阳年"背景下的，可能有周期性的功用。相对于东周以后成熟起来的二十八宿体系，在新石器时代不排除有一定量成员已经作为观测对象。殷商甲骨文以及先秦传说与著作中的有关记录已不在少数。

6. 对于五大行星的观测，早期人们看到、命名并不困难。但是否总结出周期性的规律？目前尚不能定于东周之前。

到了 II FJT1 的时代，反映 1—5 基本诉求的天文观测乃至预测仪器、建筑设施都应当出现了。这些诉求，依靠简单的"表"是不能全面胜任的。兼有"表"的功能，而又远远复杂于"表"的ⅡFJT1，出现在高度发达的古代农业文明区域，出现在高度发达的古代东方式社会管理地区，并不在意外。在古天文学理论上是"可求"的，在史前田野考古上终于"可遇"了，这二者的结合是可贺的！

其次，陶寺天文观测基址的发掘，在考古学上积累了新的田野工作方法和案头研究方法，这种积累越多，随之的认识越加深刻，未来考古学研究的损失就越少，史前文明的信息也就越完整、准确。如何获得遗迹遗物信息的最大化，取决于考古工作者在田野之外的素养，认识到ⅡFJT1与古代天文学相关，就是一个很好的例子，我们应当有"百科全书"式的考古学家，使得"破坏"更少，收获更多。

任式楠（中国社会科学院考古研究所研究员）

山西陶寺中期小城内，发现了一处大型特殊建筑基址ⅡFJT1，年代在距今4100—4000年，这是中国史前考古中前所未见、非常重要的的遗迹。在这项工作中，陶寺考古主持者以较强的学术意识，步步追踪、探索。考古所相当重视，专门组织所内外的考古学、天文学等专家进行数次现场考察和会议研讨。最关键的是这个建筑基址的功能问题，10 月 24 日的论证会上，专家学者们认定它与天文观测和相应的祭祀活动有关。我们认同这个基本意见。今后，希望较快发表考古发掘报告，提供翔实的考古原始资料，以便开展多学科、不同学术观点的辩论讨论，力求较深入地揭示其科学蕴义和历史价值。同时，对该遗迹需加强做好妥善保护工作。

赵瑞民（山西大学历史文化学院历史系考古专业主任、教授）

陶寺城址中观象遗迹发现以来，天文学界的专家多持肯定的态度，这在考古学上起到了一个范例的作用。在考古遗址里辨认这样的遗迹，需要过细的田野工作，这是发扬我们考古学界的好传统。从观察天象的角度来认识这个遗迹，则是学术上的一次创新之举，需要敏锐的头脑和很大的勇气，因为这是在国内第一个发现，没有可资借鉴的东西。邀请天文学界的专家来共同研究，是近年来提倡多学科研究的新趋势，效果也很明显。这样的范例，我们在考古教学中一定要大力倡导。

观象遗迹的发现和论证对于中国文明起源的研究有很重要的意义。我国传说时代的政权，其核心权力就是观察天象、制定历法、敬授民时。这一时期，正与新石器时代晚期发生的文明化进程相当。由古史传说来印证，观象遗迹可以说是国家权力的物化形式。关于这个问题，我们已经做了一些研究，还需进一步深化。我相信这样的考古发现一定会在考古、天文、历史等学科引起很大反响，推动各相关学科取得进步。

武家璧（中国科学院自然科学史研究所博士后）

陶寺大型特殊建筑的发现，是中国社会科学院考古研究所山西队陶寺领队主动寻找天文观测遗迹的产物。我认为陶寺发现的这个大型建筑不仅是天文遗迹，而且具有与其他西方类似遗迹许多不同的地方。

第一，陶寺天文遗迹明确地与考古学文化相联系。而西方的类似遗迹如英、法、德的类似遗迹均没有与某个考古学文化相联系。

第二，美洲印加人的天文遗迹虽然与明确的某考古学文化相联系，但是没有考古学地层关系。陶寺天文观测遗迹有明确的地层叠压关系，时代确切为陶寺中期，打破下面的陶寺中期偏早期单位，被陶寺晚期单位打破。

第三，陶寺天文观测遗迹有明确的碳14年代，这是西方类似遗迹所没有的。

第四，陶寺天文遗迹有相关的文献记载相印证。比如《尧典》中有关的天文知识背景说明陶寺人在天文知识上不成问题。"尧都平阳"的记载在地望上与陶寺相合，这是历史地理方面的证据。再有，我在《山海经》里找到一条"尧葬于崇山"的记载，陶寺遗址背后所观测的塔儿山就叫崇山。尽管目前没有发现相关的文字证明尧就葬在那里，但是毕竟有一条这样的记载，那里又有崇山，又有尧都平阳之说。所以我认为陶寺天文遗迹有这些文献记载与故老相传相联系，这是其他类似天文遗迹所没有的。

第五，陶寺天文遗迹以自然山背景做衬托，这是其他类似遗迹所没有的，它们只是一个人工的遗迹。陶寺的天然背景与人工遗迹相融合，天人合一，成为一个巨大的天文照准系统，用来观测日出制定历法，这是我们的特点。

第六，陶寺天文观测遗迹有明确的观测点，这是欧洲其他天文发达地区类似遗迹所没有的。

根据上述特点，我认为陶寺天文观测遗迹所具有的科学意义以及在中国古代文明进程研究中的意义是巨大的。

另一个问题就是陶寺天文观测遗迹如何得到春秋分点的。如果像有的先生所假设的那样从冬至和夏至观测缝的角平分线得到，这当然很简单，如果从地平线日出和忽视蒙气差的情况下这是可行的。但是陶寺遗迹由于有山峰的影响，不大可能这样得到春秋分的日期。陈美东先生曾经对我讲，《尧典》里日中星鸟、日永星火、日短星昴、宵中星虚等说的是昼夜长短，可能当时有记时工具如漏刻。如果陶寺有漏刻便可以得到春秋分日期。现在根据实际观测发现春分提前2天，秋分推迟2天，好像还比较对称。漏刻找昼夜平分日期也是要有条件的，大地必须是平坦的。但是陶寺地势不平，且有高度不同的山峰的影响，漏刻得到的昼夜平分肯定不是真正的春秋分。然而这种误差是否恰好导致模拟观测到的春分提前2天、秋分推迟2

天的效应，我还没有深入研究。如果进一步研究证明是这样的效应，那么就说明陶寺当时是利用漏刻或其他记时工具来得到春秋分的。如果不是，那么就有可能通过另一种办法，即看日影长短来得到春秋分，因为日影的模糊也可能会导致2天的误差。陶寺究竟是靠记时工具还是靠日影判断来得到春秋分观测缝和日期的，是一个值得深入研究的问题。

张培瑜（中国科学院南京紫金山天文台研究员）

最近比较仔细地阅读了有关陶寺大型特殊建筑的文章，试做了几项计算，认识到其天文意义。为了使有关天文方面的材料更完整和心中更踏实，试提出如下几点不成熟的意见：

1. 根据陶寺的地理位置，4000年前冬至日出的地平方位角应该约为119°—200°（即，约119度35分，而现今约为118度57分），夏至约为59°—60°（59度30分，现今为60度08分），春秋分约为89°—90°（如，公元前2100年10月10日12时秋分，是日晨日出的地平方位角为89°29′；而现今，如明年，公元2006年9月23日也是12时秋分，到那一天早晨日出的地平方位角也将为 89°29′，参见下文）。建议如打算安排进一步观测试验的话，可适当考虑这些角度关系。这里的日子，是依天文学公历惯例注记的，公元 1582 年 10 月以后的历日采用现行的公历（格历）注记，在这以前的历日，都采用儒略历注记。

2. 据发掘简报，夯土柱 D1—D11，距圆心半径 10.5 米。东 2 号缝缝中线方向角 132°，东 7 号缝缝中线方向角 96°。各缝的张角大概应该在 1°—1.5°（径向）。试验结果是在东 2 号缝和东 7 号缝观测到冬至和秋分的日出，由此可见，具体的观测点是偏离圆心的。

3. 4000 年前先民不可能有二十四节气的划分，但据《尧典》，斯时应已知二分和二至，日中、日永、日短、宵中。所以，已做的春分、秋分、冬至、夏至的观测很正确也是很重要。

4. 第三层台基已发掘出有 10 条缝，如作为观象授时设施，它们的作用似还可考虑包含观象授时的标准星象［如，鸟、火、星、昴、虚、轩辕（权）等］及五星和月亮的出、见（和中天）的观测。

5. 笔者初步认为，对于观测台的确认，尤其是在此基础上，进一步对于具体观测点的确定，可能春秋分的观测比冬至夏至更重要。因为，在冬至日的前后5天（冬至 ±5天），夏至 ±5天，日出的地平方位角基本不变。在这10天间日出的地平方位角相差不足5′，即，冬至或夏至前后10天都可以在同一缝内观测到日出。

6. 希望能再做一次春秋分的观测试验。因为，只在春分或秋分这天（当然交春分或秋分的时刻不一定正好在日出时），日出的地平方位角正好在90°左右，并且，更重要的是，这一点古今基本上是不变的。即，4000年前春分或秋分日能看到日出的位置（缝），在今天（春分或秋分日）在同一位置（缝）仍可看到。与上述冬至夏至不同，春分或秋分日出的地平方位角每天都在改变（每日改变约半度），所以，对于只有1°—1.5°的缝的张角（日轮的角径约半度）而言，春分日 ±1天，秋分日 ±1天以外，不应该在该缝内再看到日出。所以，这一点对于判定观测春分或秋分日出以及确定具体观测点可能是更为重要的（并请参照考虑上述第1点所列的角度关系）。

7. 中国以农业立国，历法与农业生产和人类的社会活动关系至密，所以，天文历法的发展与古代文明探源研究密切相关。于是就有这样一个问题：作为古代的观测台，应该可以适用几百年，为何到陶寺晚期（4000—3900B.C.）就被平毁废弃了呢？

总之，陶寺 Ⅱ FJT1 建筑的发现是极为重要的。根据大量考古工作和观测分析研究，并经过有关专家实地考察，基本认定这是一个兼具观象授时与祭祀功能为一体的建筑，这确实是一个莫大的喜讯，并的确应该仔细考虑如何制订进一步保护方案的问题。

三、精密测量

1. 项目说明：

受中国社会科学院考古研究所及中国科学院自然科学史研究所委托，北京恰恒科技有限公司对山西陶寺古观象台基址半圆形夯土柱进行了测定。观测的主要目的是测定观象台基址圆心至各夯土柱夹缝中线的方位角，并以此作为推算陶寺古观象台遗迹的天文学年代的基本依据。观测工作于 2005 年 4 月 30 日和 5 月 1 日两天内进行。

2. 观测内容

（1）测定观象台基址圆心及各夯土柱的点位；

（2）测定观象台基址圆心至各夯土柱夹缝中线相对于子午线的方位角。

3. 观测方法

（1）在离观象台基址圆心点 A 约 200 米远的开阔处设置方位观测辅助点 B，采用 GPS 静态测量方式测定点 A 和点 B 的坐标及点 A 至点 B 的大地方位角，并以此作为推算观象台基址圆心至各夯土柱夹缝中线的方位角的起始方位。

测量仪器：清华大学自行研制的大地测量型双频 GPS 接收机（OEM 板采用 NOVATEL OEM4）2 台。

观测参数：截止高度角 10°，采样率 15 秒。

观测时间：5 小时

（2）用全站仪测定观象台各夯土柱点位及基址圆心至各夯土柱夹缝中线的方位角。

测量仪器：Trimbel 5601 全站仪 1 台，钢尺 1 把。

方向观测：采用全圆测回法观测 1 测回，以点 A

至点 B 的方向作为零方向。

距离测量：由于基址圆心至各夯土柱的距离只有 10—20 米左右，且观测场地为平地，因此距离观测主要采用钢尺丈量。部分高差较大或距离较远的辅助点则采用全站仪测定其至基址圆心的距离。

4．计算结果

（1）GPS 数据处理

GPS 数据处理采用美国 MIT 开发的 GAMIT 软件进行计算。为了精确测定点 A 和点 B 的位置和方位，从 IGS 数据中心下载了我国三个 IGS 站 wuhn（武汉），shao（上海），bjfs（北京）及 GPS 精密星历进行联合处理。经计算得到点 A 和点 B 在 ITRF 2000 框架下的坐标及点 A 至点 B 的大地方位角。其中，点 A 和点 B 的空间坐标为（表 2）：

表 2

测点名	X（m）	Y（m）	Z（m）
A	−1896203.6715	4814135.9305	3717929.7213
B	−1896115.1760	4814051.6797	3718070.7296

点 A 和点 B 的大地坐标为（表 3）：

表 3

测点名	纬度（dms）	经度（dms）	大地高（m）
A	35 52 55.84645	111 29 54.99635	549.8967
B	35 53 01.66019	111 29 52.94477	542.7575

基线 A–B 在南北方向和东西方向上的偏差及长度为（表 4）：

表 4

基线	南北方向（m）	东西方向（m）	大地高差（m）	长度（m）
A–B	179.2027	–51.4624	–7.1420	186.5824

由上面的数据可以计算得到点 A 至点 B 的大地方位角为 343°58′38.230。

将点 A 和点 B 投影到参考椭球面，采用 WGS–84 椭球参数，6° 带分带投影，中央子午线取 111°，得到投影后的高斯坐标为（表 5）：

表 5

测点名	x（m）	y（m）	h（m）
A	3972584.38805	545023.48067	514.47969
B	3972763.31509	544971.10797	507.34052

由上面的数据可以计算得到点 A 至点 B 的平面方

位角为 343°41′06.0855。

（2）各夯土柱的方位角及坐标

假设观象台基址圆心的坐标为（0，0），根据由上述计算得到的点 A 至点 B 的大地方位角（343°58′38.230）以及由全站仪和钢尺测量所得的方向和距离观测值，可以计算得到各夯土柱的方位角及坐标（表6）：

表6

测点	方位角（dms）			x（m）	y（m）	测点	方位角（dms）			x（m）	y（m）
EO3–1	155	43	48.2	–9.223	4.158	E10–3	74	17	10.7	2.98	10.594
EO3–2	156	13	4.2	–10.385	4.577	E10–4	74	14	46.2	3.35	11.876
EO2–1.5	150	46	3.7	–9.529	5.333	E10.5–1	70	30	53.7	3.747	10.591
EO2–2	150	31	44.7	–10.049	5.678	E11–1	67	13	16.7	4.528	10.782
EO2–1	149	22	36.7	–8.835	5.23	E11–1.5	67	36	48.2	4.579	11.117
EO1–1	144	5	27.2	–8.48	6.141	E11–2	67	49	34.7	4.636	11.375
EO1–2	144	43	46.2	–9.611	6.798	E11–2.1	68	10	16.7	4.754	11.868
E1–1	131	14	44.2	–7.143	8.147	E11–2.2	68	7	37.2	4.981	12.407
E1–2	132	27	13.2	–8.17	8.931	E11–3	64	40	46.7	5.966	12.61
E1–3	129	34	21.2	–6.923	8.376	E11–3.5	64	55	45.2	6.298	13.462
E1–4	130	53	25.2	–7.947	9.177	E11–4	64	42	18.2	6.713	14.205
E2–1	125	39	31.7	–6.444	8.981	E11.5–1	63	35	8.2	5.428	10.928

测点	方位角（dms）			x（m）	y（m）	测点	方位角（dms）			x（m）	y（m）
E2–2	126	11	49.7	–7.256	9.915	E11.5–1.1	63	28	5.2	5.504	11.023
E2–3	124	16	4.2	–6.252	9.177	E11.5–1.2	63	8	43.7	5.886	11.626
E2–4	124	25	56.7	–6.97	10.167	E11.5–1.3	62	31	47.2	6.01	11.559
E3–1	119	12	46.2	–5.451	9.748	E11.5–2	62	22	29.2	6.215	11.875
E3–2	119	14	12.2	–6.104	10.906	E12–1	61	3	33.7	6.81	12.316
E3–3	118	27	38.7	–5.317	9.809	E12–1.5	61	24	9.7	7.15	13.115
E3–4	118	31	51.2	–5.954	10.951	E12–2	61	15	45.7	7.537	13.745
E4–1	112	57	36.7	–4.372	10.32	E12–3	59	13	24.7	7.226	12.133
E4–2	113	19	15.7	–4.935	11.448	E12–3.1	59	13	1.7	7.277	12.216
E4–3	112	1	44.7	–4.196	10.369	E12–4	59	38	15.7	7.985	13.63
E4–4	112	23	57.7	–4.759	11.547	E12–01	55	43	59.2	8.07	11.844
E5–1	106	26	52.2	–3.151	10.672	E12–02	56	31	55.7	8.723	13.195
E5–2	106	20	58.7	–3.494	11.911	S1	175	40	25.2	–21.857	1.654
E5–3	105	38	59.7	–2.999	10.704	S2	175	39	3.7	–21.924	1.667
E5–4	105	23	55.2	–3.289	11.94	S3	174	49	2.2	–22.103	2.005
E6–1	101	26	36.7	–2.191	10.825	S4	174	56	8.7	–22.297	1.976
E6–2	100	40	50.7	–2.277	12.071	S5	174	11	24.7	–22.688	2.308
E6–3	100	35	41.2	–2.029	10.847	S6	173	16	57.7	–22.585	2.66
E6–4	99	56	19.2	–2.12	12.098	S7	173	1	9.2	–22.491	2.754
E7–1	94	56	57.7	–0.955	11.027	S8	172	20	10.2	–22.458	3.022
E7–1.5	94	50	38.7	–0.984	11.606	S9	172	0	16.2	–22.195	3.118

测点	方位角（dms）			x（m）	y（m）	测点	方位角（dms）			x（m）	y（m）
E7-2	95	16	29.2	-1.133	12.277	S10	172	12	25.7	-21.931	3.001
E7-3	94	5	5.7	-0.776	10.86	S11	173	51	19.7	-21.633	2.329
E7-4	92	50	59.7	-0.612	12.3	S12	174	19	4.2	-21.513	2.14
E8-1	89	36	52.7	0.073	10.839	S01	173	26	59.7	-21.376	2.454
E8-2	89	37	44.2	0.08	12.285	S02	171	20	57.2	-21.607	3.287
E8-3	88	35	50.7	0.263	10.735	N1	291	29	32.7	5.65	-14.348
E8-4	88	33	12.2	0.31	12.266	N2	293	55	16.7	6.247	-14.083
E9-1	82	45	44.7	1.338	10.539	N3	295	29	6.7	6.267	-13.149
E9-2	82	33	22.2	1.588	12.151	N4	298	23	10.2	6.859	-12.693
E9-3	82	3	7.2	1.459	10.454	N5	298	34	8.2	7.131	-13.095
E9-4	80	49	58.2	1.954	12.109	N6	304	33	50.7	8.124	-11.792
E9.5-1	76	55	25.7	2.427	10.451	N7	309	8	47.2	9.156	-11.248
E9.5-2	76	55	26.2	2.452	10.555	N8	310	56	21.7	9.719	-11.204
E10-1	75	17	44.2	2.777	10.581	N9	313	18	33.2	10.076	-10.689
E10-2	74	53	49.2	3.183	11.795	N10	316	38	41.2	10.187	-9.618

根据上表所给出的各夯土柱的坐标，可以画出各测点的点位示意图（图4）：

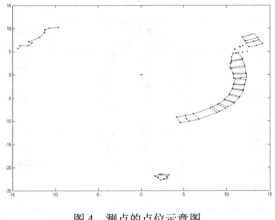

图 4　测点的点位示意图

（3）观象台基址圆心至各夯土柱夹缝中线的方位角

由上述各夯土柱的方位角，可以计算出各夯土柱夹缝中线的方位角（表6），另外还利用全站仪采用测回法（1测回）观测了夹缝中线所对应的远处山顶的高度角，但由于天气原因，只观测了部分高度角，也一并列于表中（表7）。

表 7

夹缝编号	夹缝中线 方位角（dms）			远处山顶 高度角（dms）		
E1	131	04	04.7	未测		
E2	125	02	44.2	未测		
E3	118	52	18.7	未测		
E4	112	40	47.2	未测		
E5	105	59	59.2	7	12	10
E6	100	38	16.0	5	46	48
E7	94	27	52.2	4	15	56
E8	89	06	21.7	未测		
E9	82	18	14.7	未测		
E10	74	35	30.0	未测		
E11	66	04	31.0	未测		
E12	60	20	54.7	未测		

　　根据表 5 给出的各夯土柱的坐标及表 6 给出的各夯土柱夹缝中线的方位角，可以绘出由观象台基址圆心至各夯土柱夹缝中线的示意图如下（图 5）：

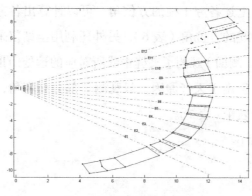

图 5　夹缝中线的示意图

　　以上数据由中国科学院知识创新工程重要交叉方向项目（KACX2–SW–01）"山西陶寺古观象台遗迹研究"课题组，邀请北京恰恒科技有限公司使用 GPS 定位仪测得。测缝中的山高数据，后由中国社会科学院考古研究所山西队使用全站仪补测。所有数据化为度数并保留小数点后三位数，列如下表（表 8）。

表 8

测缝	方位（°）	山高（°）
E1	131.068	5.559
E2	125.046	5.809
E3	118.872	5.538
E4	112.68	6.131
E5	106	7.203
E6	100.638	5.780
E7	94.464	4.266
E8	89.106	3.324
E9	82.304	2.261
E10	74.592	1.906
E11	66.08	1.125
E12	60.349	1.267

四、天文年代推算

首先对冬至观测以及冬至测缝的测量数据进行归算，以推算观象台的天文年代，然后推广到夏至测缝的测量数据，从而判断古代的日出状况及其真实的天文年代。

1. 已知参量

（1）地理纬度

对于古观象台而言，一个非常重要的关键位置是观测点。陶寺观象台的观测点位于半圆形基址的中心，经过考古和天文学史工作者的共同努力已被精确定位，原估计的理论位置与后来发掘出土的实际位置符合得非常好[1]。用 GPS 仪器测得观测原点的精确地理位置为北纬 35°52′55″.84645 N，东经 111° 29′54″.99635E，海拔 549.8967 米。地理纬度 φ =35°.882。

---

[1] 何努：《陶寺中期小城内大型建筑 Ⅱ FJT1 发掘心路历程杂谈》，载北京大学震旦古代文明研究中心编《古代文明研究通讯》第 23 期，2004 年 12 月。

（2）冬至缝正中的方位及山高仰角

冬至观测缝正中线的真子午方向为125°02′44.2″[1]，换算为地平坐标系中自南点起算的方位角 A =125°02′44.2″-180° = -54°.954。

设定这是四千多年前陶寺文化中期修建观象台时，日出所能到达的最南点，也就是当年的冬至日出方位。

站在观测点朝冬至观测缝中看去，冬至观测缝正中线上，是一个馒头状山峦的顶部，经精确测定，山高仰角为 5°48′34″=5.809°。

（3）冬至太阳赤纬

冬至时刻的太阳赤纬 δ 在数值上等于黄赤交角 ε 而符号相反，即 $\delta= -\varepsilon$。但大多数情况下冬至时刻并不正好等于冬至那一天的日出时刻。查《天文年历》可知 2003 年冬至时刻在 12 月 22 日 15 时 04 分（北京时）[2]，与观测到的崇山日出时刻 8 点 20 分（北京时），相差 3 小时 1 刻，从严格意义上讲，不能用黄赤交角

[1] 中国社会科学院考古研究所山西队:《陶寺中期小城大型建筑 II FJT1 实地模拟观测报告》（何驽执笔），载北京大学震旦古代文明研究中心编《古代文明研究通讯》第 29 期，2006 年 6 月。

[2] 中国科学院紫金山天文台:《2003 年中国天文年历》，科学出版社，2002 年，第 5 页。

数值代替太阳赤纬。兹据《2003 年天文年历》冬至前后表载太阳位置，用白塞尔内插公式计算日出时刻（8 点 20 分）的太阳赤纬。

冬至前后是太阳赤纬变化最慢的时段，故冬至日出时刻的钟差可忽略不计。查《天文年历》可知 2003 年冬至前后力学时与世界时之差约为 65.78s，则 2003 年 12 月 22 日北京时间 8 点 20 分（日下边切于山脊，忽略钟差）为力学时 $0^h21^m5.78^s$，即 0.015 日。

按白塞尔内插公式，考虑二次差：

$$f(t) = f(t_0 + nw) = f(t_0) + n \triangle'_{1/2} + B_2 (\triangle''_0 + \triangle''_1)$$

$$n = (t - t_0) / w, \quad B_2 = n(n-1) / 4$$

查《天文年历》得 2003 年 12 月 21—24 日太阳视赤纬（表 9）：

表 9

2003 年 12 月	太阳视赤纬	一次差 $\triangle'$	二次差 $\triangle''$
21.0 日	−23°26′01.4″		
		−22.5″	
22.0 日	−23°26′23.9″		28.2″
		5.7″	
23.0 日	−23°26′18.2″		28.2″
		33.9″	
24.0 日	−23°25′44.3″		

t_0=2003 年 12 月 22.0 日，t=2003 年 12 月 22.014650 日，w=1，

n=0.015，B_2=−0.004，$\triangle'_{1/2}$=5.7″，$\triangle_0″+\triangle_1″$=56.4″

δ=$f(t)$=−23°26′23.9″+0.015 × 5.7″−0.004 × 56.4″

=−23°.44

此即 2003 年冬至日出时刻太阳赤纬的精确值。由于冬至前后时刻是太阳赤纬变化极慢的时期，故可以将此值认为是日达观测缝正中时的赤纬值。验算表明，此值与标准历元 J2000.1 的黄赤交角 ε=23°.439291 在保留小数点后三位有效数字的情况下仅差 0.001，在本文的计算精度内完全可以忽略，即可以认为日出时刻与冬至时刻同时。

（4）精度的估计

不同精度要求的天文计算，其复杂程度相差很远。有些问题（例如近地面大气折射）甚至不可能得到精确的结果。因此首先需要讨论所需的精度。

东 2 号缝的中心线，是由观测铁架决定。而铁架的安装则根据考古发现的地面夯土边界，用铅垂线校正。从东 2 号缝，以及其他各缝的残存边界来看，它

们显示出的边界是相当不规则的。考虑到以上各种因素，观测铁架中心线的误差，不可能小于1cm。另一方面，中心观测点的位置，由考古发现的夯土圆台决定。直径大约25cm的中心圆台，其边界、形状也不够规则。由此决定中心点，误差也不可能小于1cm。

从中心观测点到各观测柱缝的距离约为11m。1cm在11m处的张角为3.1角分。也就是说，对这样一个遗迹的观测误差不可能小于3.1角分（0.05°）。太阳视直径32角分。肉眼观察这样一个目标是否"半出""相切"和经过某个目标时，其误差也不可能小于3角分。因此我们在分析中将忽略小于这样量级的因素，计算过程中保持小数到0.01°。

（5）角 θ 的计算

定义角 θ 为天球上周日平行圈与地平经圈之间的夹角。由地球自转引起太阳的周日视运动，其在天球上的轨迹叫周日平行圈，太阳赤纬在周日视运动中变化很小（最大不超过0.5°），可以认为在一天中太阳视赤纬是基本不变的，也就是说一天中太阳只是在赤纬一定的周日平行圈上做圆周运动。即把周日平行圈看作是平行于天赤道的，可以等同于赤纬圈。因此角 θ 是星位角（天文三角形中以天休为顶点的角）的余角。

如图所示（图6），A 为冬至测缝正中线与山顶的交点，B 为今冬至太阳到达缝中线时刻的太阳中心点，冬至日早晨从观测点向东南望去，见太阳刚好露出一半在崇山岭上，太阳中心点位置由地平线上的 E 点升到崇山岭上的 D 点，约过 6 分 10 秒太阳中心点由 D 升至冬至测缝正中心的 B，EDCB 为今冬至日出线；CB 弧段较短且属于冬至周日平行圈，可以把 CB 看作是在太阳赤纬所在的纬圈上。过 B 点作垂线与地平线交于 G，与山顶交于 A，设以日半出时分为上古日出标准时刻，则 A 为陶寺文化中期冬至日出时的太阳中心点位置，$\angle ABC = \theta$。

过 A 点作 EB 的平行线与地平线交于点 F，则 AF 为陶寺文化中期的古冬至日出线（在周日平行圈上）。

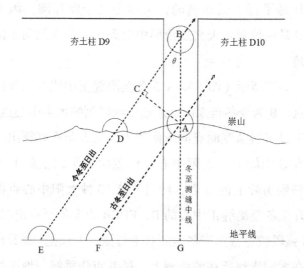

图6 陶寺观象台古今冬至日出示意图

日出一半时太阳的中心点 A 与测缝中心山顶完全重合。

在三角形△ABC 中，BC、AC 不属于球面大圆，因此不适用于球面三角公式，但它是小三角形（边长小于1°），可以近似地看作平面直角三角形。

将上图简化到天球上观察，如下图所示（图7）：

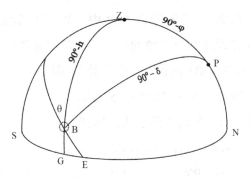

图7 陶寺观象台冬至日出示意图

A.天球图上，Z 为天顶，P 为天极，B 为天体（太阳中心）；过 PB、ZB 作大圆，PB、ZB 分别在赤经圈、地平经圈上，则△ PZB 是连接天极、天顶、天体的天文三角形，且

PB=90°−δ（δ 为太阳赤纬）；

ZP=90°−φ（φ 为地理纬度）；

ZB=90°−h（h 为地平高度）。

B. NS 为地平圈，N、S 分别为北、南点；EG 在地平圈上，∠ EBG=θ。又 EB 在周日平行圈上，可以看作平行于天赤道，则位于赤经圈上的 PB 必然垂直于 EB 线，故角 θ 是星位角∠ PBZ 的余角。即∠ PBZ=90°−θ。

C. 在天文三角形 △ PZB 中，以天顶为顶角的 ∠ PZB 是天体 B 方位角的补角，此角实即冬至测缝中线 BG 的方位角（由正北向东起算），即

∠ PZB=125°02′44.2″=125°.046。

据球面三角的正弦公式，得到

sinPZ/sin∠PBZ = sinPB/sin∠PZB；

sin（90°−φ）/sin（90°−θ）=sin（90°−δ）/ sin（125°.0456）；

cosφ/cosθ=cosδ/sin（125°.046）；

cosθ= cosφ sin（125°.046）/cosδ。

将 φ=35.882°，δ=−23.44°，代入上式，解得 θ=43.698°。

套用球面三角的余弦公式，得到

sinφ=sinδsinh+cosδcoshsinθ；

sinδ=sinφsinh−cosφcoshcos（125.046−180）。

将上两式联立，解得今冬至太阳到达缝中线时刻的高度 h=6.326°。

2. 太阳视位置改正

（1）太阳视半径

陶寺文化中期人们以日出过程中的何种状态为

"日出"？也就是说冬至那天太阳到达观测逢中的状态是"日始出"还是"日半出"或者"日既出"？这是需要证明的问题。例如"日既出"状态，太阳下边缘切于山顶，太阳中心高度实际比山顶高出半个太阳，故计算太阳真高度时应在其视高度上再加上太阳视半径。"日始出"状态则须减去太阳视半径。

地球绕日旋转为椭圆轨道，日地距离随时间有改变，太阳视半径因之有较小改变。现代的太阳视半径查表可得，例如查《天文年历》[1]，可知 2003 年冬至前后（12 月 22—23 日）太阳视半径（$r_⊙$）为 16'17"=0.271°。一般计算取太阳平均半径约 16 角分（0.267°）。

（2）太阳地平视差

在地球表面观测天体和在地心观测天体所产生的天体位置的差称"视差"。太阳地平视差指的是地球半径对太阳的张角。知道了这个角，再知道地球半径的大小，地球到太阳的距离就很容易求出了。但困难的是太阳距离地球很远，直接测量太阳地平视差误差很

[1]　中国科学院紫金山天文台：《2003 年中国天文年历》，科学出版社，2002 年。

大，于是天文学家转而去测量金星的地平视差，求出金星到地球的距离再根据开普勒定律求出日地之间的距离。哈雷早就提出利用金星凌日来测量太阳地平视差的办法。历史上，金星凌日现象曾帮助人类第一次较准确了解自己跟太阳的距离。1895年，纽康最终得出太阳视差为8.797角秒，并被国际天文界承认。从1896年至1967年，国际天文界都采用纽康制定的太阳视差值。现今，测量日地距离（天文单位）已不采用观测金星凌日的方法，而采用雷达测距。方法是：用雷达，在金星下合日时测量地球与金星的距离，再在金星上合日时测量地球与金星的距离，然后再将两次的距离相加除以二，就能得到比较准确的日地距离了。目前，国际天文界公认的最准确的太阳视差为8.794148角秒，日地距离（1天文单位）为149，597，870公里。

太阳的平均地平视差表达式为：[1]

P_0 = 地球平均半径 ／ 日地平均距离 = $\alpha/\triangle$ = 8".794。

由于日地距离在近地点与远地点之间发生变化，太

---

[1]　马文章：《球面天文学》，北京师范大学出版社，1995年，第102页。

阳地平视差也围绕其平均值变化，但变化甚小。查《天文年历》[1]，可知2003年冬至太阳地平视差数据：

2003 年冬至 12 月 22 日（力学时 0 时），8″.94

12 月 23 日（力学时 0 时），8″.94

即 P=8″.94 ≈ 0.002°，小于本文计算精度要求的量级，故忽略不计。

又如时差（视时减平时）为：[2]

2003 年冬至 12 月 22 日（力学时 0 时），$1^m 51^s.96$

12 月 23 日（力学时 0 时），$1^m 22.^s 00$

因小于精度要求的量级，一并忽略。

（3）光行差

周日光行差

周日光行差对地平坐标的影响，使得一切视位置比其几何位置（真位置）更接近于向点（速度方向所指之点）。周日光行差常数 k″ = 0 ″.32，以 Z、A 和 A′、Z′

---

[1] 中国科学院紫金山天文台:《2003 年中国天文年历》，科学出版社，2002 年。

[2] 中国科学院紫金山天文台:《2003 年中国天文年历》，科学出版社，2002 年，第 20 页。

分别表示真位置和视位置的方位角、天顶距，则光行差改正值为 [1]：

$$\triangle Z = Z-Z' = 0''.32\cos\varphi\cos Z\sin A ;$$

$$\triangle A = A-A' = 0''.32\cos\varphi\cos Z\cos A。$$

从上述表达式可以看出，地球自转造成的周日光行差，其值仅十分之几角秒，因此在我们的计算中忽略不计。

周年光行差

地球公转造成视太阳沿黄道自西向东运动，由此产生的光行差使得太阳的视位置总是偏向真位置的前方，这是由于光速的有限性造成的。太阳光传播到地球需要 8 分多钟，当我们见到太阳位于某点时，它此刻的真位置已前行 8 分多钟，真位置与视位置之差就叫太阳光行差，因与太阳的周年视运动有关，所以又叫周年光行差。

周年光行差是地球公转的物理证据，它是地球轨道速度对于光速的影响。以"雨行差"说明。假定有人在雨中举伞行走。假定无风，雨严格沿垂直方向落

---

[1] 马文章:《球面天文学》,北京师范大学出版社，1995 年，第 126 页。

下，其速度为 V，行人以速度 v 向前行走，这样，原来朝头顶落下的雨滴现在被行人抛置"脑后"，而本来应当落到他面前的雨滴，此刻正打到他的身上。因此，在行人看起来，雨滴似乎改变了方向，从前方斜落下来。这时，他必须把手中的伞稍微向前倾斜，才不会使衣服被淋湿。显然，行人跑得越快，越是应该把雨伞向前倾斜，并且很易决定这个倾角的值。设想把地球连同观测者代替上例的行人，以 30km/s 的速度沿轨道运动，把瞄准恒星的望远镜比作举着的伞，星光则代替雨滴，它的速度为 300,000km/s。由于地球轨道运动的速度，使得观测者不得不把望远镜的镜筒稍微向地球公转的方向倾斜一点，去接受改变了方向的星光。所不同的是，后者的两个速度相差悬殊，所以星光偏离的角度很小。它的数值为 20″47，这个角度被叫做光行差常数。它与恒星的距离远近无关。同样，由于光行差，恒星的位置不是它的真正位置，而是视位置，用地球公转的方向表示，总是偏向真位置的前方。地球公转的方向不断地改变，恒星视位置绕转其真位置也以一年为周期。恒星视位置的绕转路线被叫做光行差轨道，其形状也因恒星的黄纬而不同。在南北黄极，光行差轨道是半径为 20" 的圆（与地球的轨道形状相同）；在黄道上，它变成长度为 20"×2 的一段直线。在其他黄纬，光行差轨道都是半长轴为 20 的椭圆，愈近黄极，椭圆的扁率愈小；愈近黄道，椭圆的扁率愈大。光行差是由英国学者布拉德雷（1692—1762）发现的。他致力于测定恒星年视差，却无意中发现光行差。1725 年，他测出天龙座 γ 有以一年为周期的 20" 的微小位移。可是位移的方向同预期的视差位移有悖，恒星的视位置不是沿轨道半径方向偏离，而是沿轨道切线方向偏离。后来，他在泰晤士河畔注意到，船舶上旗帜飘动的方向，不仅决定于风向，还与船舶前进方向有关。这启发他成功地解释了这种效应，并把它叫做"光行差"。奇怪的是，从丹麦天文学家雷默（1644—1710）于 1676 年测定光速，到 1725 年布拉雷发现光行差，相隔达半个世纪之久，竟没有人想到光的传播速度对恒星视位置所产生的这种极其简单的影响。光行差的发现一举两得，它无可辩驳地证明了地球的公转，同时又验证了光传播速度。

由于太阳位于黄道上（黄纬近似等于零），太阳光行差实际上是指周年光行差对太阳黄经的影响。周年光行差常数 K" = 20".4955，以 r 为地球向经（以天文单位为单位），λ、λ' 表示真位置和视位置的黄经，则太阳光行差改正值[1]：

$$\triangle \lambda = \lambda - \lambda' = K'' / r$$

$$t_{瞬时太阳真黄经} = t_{瞬时太阳视黄经} + 20''.49552 / r$$

我们可以把日地距离（r）近似地看着不变，那么太阳真黄经只须将视黄经值加上20".49552就可以了。

考虑太阳周年光行差的影响是为了求得瞬时太阳真黄经，如果已知太阳真黄经，例如冬至时刻太阳 λ = 270°，则不必考虑周年光行差的影响，有如下关系式：

$$\sin\delta = \cos\varepsilon \sin\beta + \sin\varepsilon \cos\beta \sin\lambda。$$

将λ=270°，β=0代入上式，得

$$\sin\delta = -\sin\varepsilon。$$

即在冬至时刻，令太阳赤纬δ=-ε（黄赤交角），则已消除周年光行差的影响。

（4）蒙气差（大气折射）

光线进入大气层发生折射，使天体的视位置高于真实位置，即大气折射抬高了天体的位置，其视位置

---

[1] 马文章：《球面天文学》，北京师范大学出版社，1995年，第151—152页。

与真实位置的高度差就叫做"蒙气差"。由于空气密度愈接近地面愈高，光线在同一入射角度下，距地球表面愈近则折射愈大。位于地平线上的天体折射具有最大值，其蒙气差平均值达35分。

由于光线在大气中（或地球周围的空气中）的折射是决定于空气状况的，即决定于气压、温度等，特别是接近地球表面的气层，因而精确测定蒙气差是很困难的事。可以通过平均折射来反映大气折射的一般情况。

平均折射指对应于空气温度和压力的平均值的折射。假如温度平均值为10℃，压力平均值为760毫米水银柱（1个大气压），那么折射的平均值应当为：

$$\rho'' = 58''.3 \tan Z$$

式中Z是观测到的天顶距（即视天顶距）。

下表列出的是蒙气差对应天顶距的平均折射值（表10）[1]：

---

[1] 〔苏〕п.и.波波夫：《普通实用天文学》，刘世楷译，科学出版社，1956年，第105—106页。

表 10

天顶距	蒙气差
0°	0′0″
10°	0′10″
30°	0′33″
60°	1′40″
80°	5′16″
89°0′	18′09″
89°30′	29′26″
90°0′	34′54″

把上表中的数据,图示如次(图8)。

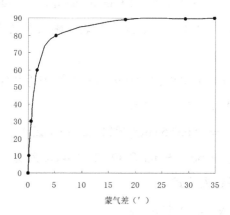

图 8 平均折射蒙气差图

据上图所示,地平附近的蒙气差平均值变化最快且最大。

近地平的蒙气差问题,是一个理论上尚未很好解决的问题，我国《天文年历》只列出天顶距小于 76°的蒙气差及其改正值表，地平高度 14°以下的蒙气差及其改正值不再给出。A. 丹容著《球面天文学和天体力学引论》在蒙气差 R 的积分表达式中引入一个已知的超越函数 $\Psi(X)$，提出一套解决方案，可资借鉴[1]。

Ψ 函数是一个工具函数，当 $X < 4$ 时可以展开为收敛级数，故蒙气差可以表示为有限项。Ψ 函数曾为克普朗（Kramp）和腊道（Radau）研究过，并编有数字表，A. 丹容在书后附有这个简表（附表 X X VII：函数 $\Psi(X)$ 表》）[2]。

A. 丹容给出近似计算公式：地平附近正常蒙气差（气温 0℃、气压 76 厘米汞柱）：

$$R_{0,76} = 2563''.5\, \sin Z_0\, \Psi(21.244 \cos Z_0);$$

$$R_{0,76} = 60''.334\, \tan Z_0\, \Phi(21.244 \cos Z_0)。$$

其中 Ψ 函数表达式为：

$$\Psi(X) = e^{x^2} \int_x^\infty e^{-x^2}\, \mathrm{d}\chi。$$

[1] A. 丹容：《球面天文学和天体力学引论》，李珩译，科学出版社，1980 年，第 157—161 页。

[2] A. 丹容：《球面天文学和天体力学引论》，李珩译，科学出版社，1980 年，第 475 页。

Φ函数为:

$$\Phi(X) = 2X\Psi(X), \quad X = 21.244\cos Z_0。$$

$\Phi(X)$ 函数计算更为方便，X 值由视天顶距 Z_0 所决定。

A. 丹容根据上述函数计算出一份近地平正常蒙气差简表（视天顶距 $Z_0 = 78° - 90°$），兹列如下并与法国天文年历所载数据作比较（表11）[1]：

表11　地平附近正常蒙气差表

$t = 0℃,\ H = 76$（厘米汞柱），$\lambda = 0.575^{\mu}$（目视有效波长）

视天顶距 Z	地平高度 h	蒙气差 R	法国天文年历	△R 目视
78°	8°	4' 37.1"	4'36.3"	−0.8"
80°	7°	5' 30.8"	5'29.8"	−1.0"
82°	6°	6' 48.1"	6'46.8"	−1.3"
84°	5°	8' 48.0"	8'46.1"	−1.9"
86°	4°	12' 15.0"	12'11.3"	−3.7"
87°	3°	15' 4.9"	14'58.8"	−6.1"
88°	2°	19' 18.2"	19'6.6"	−11.6"
89°	1°	26' 3.8"	26'37"	−26.8"
90°	0°	37' .52"	36'36"	−76"

---

[1] A. 丹容:《球面天文学和天体力学引论》，李珩译，科学出版社，1980年，第161页。

表列数据采自A.丹容著、李珩译《球面天文学和天体力学引论》，兹将《法国天文年历》近地平蒙气差数据图示如下（图9）。

高度h（°）

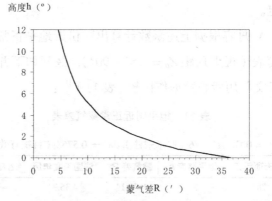

蒙气差R（′）

图 9　法国天文年历近地平蒙气差

笔者根据 $\Phi(X)$ 函数表验算证明：在地平高度 4° 以下，计算理论值与上表所列正常蒙气差符合得很好（误差一般不超过 1 角秒），高出 4° 以上误差增大，至 8° 时误差超过 2 分以上。

本文在实际计算中根据上表所列《法国天文年历》近地平蒙气差值进行内插计算，得到各测缝山高所对应的蒙气差（R_0）值（详下表）。

（5）蒙气差改正

根据 A. 丹容《球面天文学和天体力学引论》，关于大天顶距的蒙气差气温与气压的改正，可用下式算到足够好的近似值[1]：

$$R_{t,p} = A（P/76）\tan Z_0 \Phi（P\cos Z_0）$$

式中　　$A = 60''.34（1-0.0366t）$，　$P = 21.44（1-0.0232t）$。

此式把蒙气差 R 表示为由天顶距 Z_0 及 Φ 函数所决定的泛函。

其中 Φ 函数

$$\Phi（X）= 2X\Psi（X），X =（21.44 - 0.4928608\,t）\cos Z_0。$$

由于陶寺观象台观测缝中背景山峰的地平高度均小于 8°，在 –10℃—40℃ 气温内对应于 $X < 3.03$，$\Psi（X）$ 函数可以展开为收敛级数并可表示为 $\Phi（X）$ 函数作近似计算，我们列出在 $X < 3.5$ 范围内的 Φ 函数值

---

[1] A. 丹容：《球面天文学和天体力学引论》，科学出版社，1980 年，第 162 页。

以备查用（表 12）[1]。

表 12 $\Phi(X) = 2X\Psi(X)$ 函数值表

X	$\Phi(X)$	$\triangle$	X	$\Phi(X)$	$\triangle$	X	$\Phi(X)$	$\triangle$	X	$\Phi(X)$	$\triangle$
0.01	0.01753	1753	0.46	0.51919	693	0.91	0.73144	318	1.36	0.83424	164
0.02	0.03466	1713	0.47	0.52599	680	0.92	0.73456	312	1.37	0.83586	162
0.03	0.05142	1676	0.48	0.53266	667	0.93	0.73764	308	1.38	0.83745	159
0.04	0.06781	1639	0.49	0.53921	655	0.94	0.74067	303	1.39	0.83902	157
0.05	0.08384	1603	0.5	0.54564	643	0.95	0.74365	298	1.4	0.84057	155
0.06	0.09951	1567	0.51	0.55195	631	0.96	0.74658	293	1.41	0.8421	153
0.07	0.11485	1534	0.52	0.55815	620	0.97	0.74947	289	1.42	0.84361	151
0.08	0.12985	1500	0.53	0.56423	608	0.98	0.75231	284	1.43	0.8451	149
0.09	0.14453	1468	0.54	0.5702	597	0.99	0.75511	280	1.44	0.84657	147
0.1	0.15889	1436	0.55	0.57607	587	1	0.75787	276	1.45	0.84802	145
0.11	0.17295	1406	0.56	0.58182	575	1.01	0.7606	273	1.46	0.84945	143
0.12	0.1867	1375	0.57	0.58748	566	1.02	0.76326	266	1.47	0.85086	141
0.13	0.20016	1346	0.58	0.59303	555	1.03	0.76589	263	1.48	0.85226	140
0.14	0.21334	1318	0.59	0.59849	546	1.04	0.76849	260	1.49	0.85363	137
0.15	0.22624	1290	0.6	0.60384	535	1.05	0.77104	255	1.5	0.85499	136
0.16	0.23886	1262	0.61	0.60911	527	1.06	0.77356	252	1.55	0.86153	654
0.17	0.25123	1237	0.62	0.61428	517	1.07	0.77604	248	1.6	0.86766	613
0.18	0.26333	1210	0.63	0.61936	508	1.08	0.77848	244	1.65	0.87342	576
0.19	0.27518	1185	0.64	0.62435	499	1.09	0.78088	240	1.7	0.87883	541
0.2	0.28679	1161	0.65	0.62925	490	1.1	0.78325	237	1.75	0.88393	510
0.21	0.29816	1137	0.66	0.63407	482	1.11	0.78559	234	1.8	0.88872	479
0.22	0.30929	1113	0.67	0.63881	474	1.12	0.78789	230	1.85	0.89325	453
0.23	0.3202	1091	0.68	0.64346	465	1.13	0.79016	227	1.9	0.89751	426
0.24	0.33088	1068	0.69	0.64804	458	1.14	0.79239	223	1.95	0.90154	403

---

[1] A. 丹容:《球面天文学和天体力学引论》附表《ⅩⅩⅧ. 函数 $\Phi(X) = 2X\Psi(\chi)$ 表》，科学出版社，1980 年。

续表

X	Φ(X)	△	X	Φ(X)	△	X	Φ(X)	△	X	Φ(X)	△
0.25	0.34135	1047	0.7	0.65253	449	1.15	0.79459	220	2	0.90535	381
0.26	0.35161	1026	0.71	0.65695	442	1.16	0.79676	217	2.05	0.90896	361
0.27	0.36166	1005	0.72	0.66129	434	1.17	0.7989	214	2.1	0.91237	341
0.28	0.3715	984	0.73	0.66557	428	1.18	0.801	210	2.15	0.9156	323
0.29	0.38115	965	0.74	0.66976	419	1.19	0.80308	208	2.2	0.91867	307
0.3	0.39061	946	0.75	0.67389	413	1.2	0.80513	205	2.25	0.92158	291
0.31	0.39988	927	0.76	0.67795	406	1.21	0.80715	202	2.3	0.92434	276
0.32	0.40897	909	0.77	0.68194	399	1.22	0.80914	199	2.35	0.92699	265
0.33	0.41788	891	0.78	0.68587	393	1.23	0.8111	196	2.4	0.92947	248
0.34	0.42662	874	0.79	0.68973	386	1.24	0.81303	193	2.45	0.93185	238
0.35	0.43518	856	0.8	0.69353	380	1.25	0.81494	191	2.5	0.93411	226
0.36	0.44358	840	0.81	0.69726	373	1.26	0.81682	188	2.6	0.93833	422
0.37	0.45181	823	0.82	0.70093	367	1.27	0.81867	185	2.7	0.94217	384
0.38	0.45989	808	0.83	0.70455	362	1.28	0.8205	183	2.8	0.94567	350
0.39	0.46781	792	0.84	0.7081	355	1.29	0.8223	180	2.9	0.94887	320
0.4	0.47558	777	0.85	0.7116	350	1.3	0.82408	178	3	0.95181	294
0.41	0.4832	762	0.86	0.71504	344	1.31	0.82583	175	3.1	0.95451	270
0.42	0.49067	747	0.87	0.71843	339	1.32	0.82756	173	3.2	0.957	249
0.43	0.49801	734	0.88	0.72176	333	1.33	0.82926	170	3.3	0.95929	229
0.44	0.5052	719	0.89	0.72504	328	1.34	0.83095	169	3.4	0.96141	212
0.45	0.51226	706	0.9	0.72826	322	1.35	0.8326	165	3.5	0.96338	197

为便于陶寺观象台模拟观测数据的天文计算，我们根据工具函数 Φ(X) 数表，编算出地平高度8°以下、气温在 -10℃—40℃范围内的蒙气差改正值（△R）表（表13）。

表 13　近地平蒙气差改正值表

t \ h	1°	2°	3°	4°	5°	6°	7°	8°
−10℃	470.762	346.9828	270.2769	219.2577	183.4075	157.0524	136.9745	121.2313
−9	467.3274	344.6178	268.5168	217.8738	182.2712	156.0949	136.1479	120.5059
−8	463.9093	342.2628	266.7632	216.4947	181.1386	155.1405	135.324	119.7827
−7	460.507	339.9174	265.016	215.1204	180.0098	154.1925	134.5026	119.0617
−6	457.1204	337.5816	263.2722	213.751	178.8848	153.2416	133.6839	118.3423
−5	453.7495	335.2555	261.5349	212.3853	177.7637	152.2939	132.8677	117.6237
−4	450.3941	332.9331	259.8043	211.0211	176.6463	151.3492	132.054	116.9074
−3	447.0536	330.6204	258.0798	209.6618	175.5327	150.4076	131.243	116.1933
−2	443.7294	328.3173	256.3599	208.307	174.4228	149.4692	130.4345	115.4814
−1	440.4208	326.0238	254.6465	206.9566	173.3168	148.5338	129.626	114.7718
0	437.1277	323.74	252.9397	205.611	172.2145	147.6015	128.8195	114.0643
1	433.8485	321.4648	251.2386	204.2692	171.1131	146.6722	128.0156	113.3591
2	430.5739	319.1953	249.5416	202.9308	170.014	145.7461	127.2144	112.6562
3	427.3141	316.9353	247.8513	201.5973	168.9187	144.823	126.4157	111.9554
4	424.0706	314.685	246.1676	200.2683	167.8271	143.903	125.6197	111.2569
5	420.8426	312.4443	244.4895	198.9438	166.7395	142.9835	124.8263	110.5606
6	417.6299	310.2131	242.8165	197.6241	165.6555	142.0672	124.0354	109.8666
7	414.4327	307.9887	241.1501	196.3083	164.5755	141.1539	123.2471	109.1747
8	411.2508	305.7695	239.4904	194.9967	163.4991	140.2437	122.4615	108.4851
9	408.0836	303.56	237.8359	193.6901	162.4266	139.3366	121.6784	107.7962
10	404.9323	301.36	236.1869	192.3871	161.3579	138.4326	120.8979	107.109
11	401.7963	299.1696	234.5445	191.0886	160.293	137.5317	120.12	106.424
12	398.6756	296.9888	232.9087	189.795	159.2318	136.6339	119.3447	105.7413
13	395.5636	294.8149	231.2773	188.5049	158.1705	135.7391	118.572	105.0608
14	392.4603	292.6486	229.6516	187.2195	157.113	134.8468	117.8018	104.3825
15	389.3722	290.4918	228.0324	185.9389	156.0592	133.9558	117.0339	103.7065
16	386.2987	288.3446	226.4198	184.6618	155.0094	133.0679	116.2666	103.0328
17	383.2411	286.2068	224.8114	183.3895	153.9633	132.1832	115.502	102.3612
18	380.1987	284.0786	223.2089	182.122	152.921	131.3015	114.74	101.6919
19	377.1714	281.9555	221.613	180.8579	151.8825	130.4229	113.9806	101.0248

续表

t\h	1°	2°	3°	4°	5°	6°	7°	8°
20	374.1592	279.8404	220.0236	179.5987	150.8479	129.5474	113.2238	100.3599
21	371.1621	277.7348	218.4382	178.3442	149.817	128.6751	112.4696	99.69731
22	368.1793	275.6387	216.8591	177.0932	148.7899	127.8058	111.7179	99.03691
23	365.2122	273.5521	215.2865	175.8471	147.7666	126.9396	110.9689	98.37836
24	362.2601	271.4748	213.7205	174.6057	146.7455	126.0749	110.221	97.72028
25	359.3131	269.4025	212.1589	173.3679	145.7254	125.2124	109.4755	97.06444
26	356.3795	267.3393	210.6039	172.135	144.7091	124.3529	108.7326	96.41086
27	353.461	265.2857	209.0554	170.9066	143.6966	123.4966	107.9923	95.75951
28	350.5567	263.2414	207.513	169.682	142.688	122.6433	107.2545	95.11042
29	347.6681	261.2066	205.9741	168.4623	141.6832	121.7932	106.5194	94.46357
30	344.7944	259.1805	204.4419	167.2469	140.6822	120.9461	105.7869	93.81895
31	341.9355	257.1584	202.9162	166.0356	139.685	120.1022	105.057	93.17658
32	339.0914	255.1457	201.3964	164.8291	138.6916	119.2614	104.329	92.53645
33	336.2621	253.1425	199.8818	163.6266	137.702	118.4236	103.603	91.89855
34	333.4469	251.1487	198.3736	162.4278	136.7162	117.5866	102.8796	91.26289
35	330.6471	249.1643	196.8721	161.2339	135.7343	116.7524	102.1587	90.62947
36	327.859	247.1878	195.3762	160.0442	134.7531	115.9213	101.4405	89.99828
37	325.0767	245.2176	193.8858	158.8587	133.7746	115.0933	100.7249	89.36931
38	322.3092	243.2568	192.4018	157.6781	132.8	114.2685	100.0119	88.74128
39	319.5564	241.3053	190.9244	156.502	131.8292	113.4467	99.30152	88.11461
40	316.8176	239.3632	189.4511	155.3305	130.8623	112.6281	98.59326	87.49018

（t 为摄氏温度，h 为地平高度，⊿R 单位为角秒）

此表为笔者编算，用图示法验算，各高度的 t—⊿R 曲线平滑（图 10），数据无误。

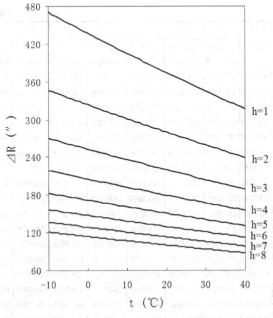

图 10　蒙气差改正值（△R）

　　观测地的古气温根据《陶寺月平均气温表》（表14）[1]估算，为统一标准，模拟观测的气温亦按平均气温插值估算，即以相邻两月平均气温的中间值为后月的月首气温，再根据日期内插计算。

———————

[1]　襄汾县志编纂委员会编：《襄汾县志》第二编自然环境（第四章气候），天津古籍出版社，1991年，第36页（表8）。

表 14　陶寺月平均气温表

（1958—1977 年）　　单位：℃

月份	1	2	3	4	5	6	7	8	9	10	11	12	年平均
气温	-4.4	0.6	8.5	16.1	21.5	25.3	26.6	24.7	18.7	12.5	3.5	-4.2	12.5

　　根据何驽、冯九生实地模拟观测所记录的各测缝日出的对应日期[1]，参照陶寺月平均气温表，查上列《近地平蒙气差改正值表》，得到各测缝日出高度的蒙气差改正值，与其正常蒙气差值一并列如下表（表 15）。

表 15　陶寺测缝日出蒙气差及改正值表

测缝	方位（°）	山高（°）	蒙气差（'）	月日（节气）	蒙气差改正值（'）
E1	131.068	5.559	9.522		
E2	125.046	5.809	9.094	12.22（冬至）	2.606
E3	118.872	5.538	9.559	11.22（小雪）	2.591
E4	112.68	6.131	8.638	11.2	2.366
E5	106	7.203	7.573	10.13	1.937
E6	100.638	5.780	9.145	10.3	2.352
E7	94.464	4.266	11.73	9.23（秋分）	2.892
E8	89.106	3.324	14.074	9.13	3.481
E9	82.304	2.261	18.030	9.3	4.446
E10	74.592	1.906	19.812	8.14	4.641

---

[1] 中国社会科学院考古研究所山西队：《陶寺中期小城大型建筑 Ⅱ FJT1 实地模拟观测报告》（何驽执笔），载北京大学震旦古代文明研究中心编《古代文明研究通讯》第 29 期，2006 年 6 月。

续表

测缝	方位（°）	山高（°）	蒙气差（'）	月日（节气）	蒙气差 改正值（'）
E11	66.08	1.125	25.676	7.23（大暑）	5.726
E12	60.349	1.267	24.613	6.21（夏至）	5.575

把上表中的结果，图示如次（图11）。

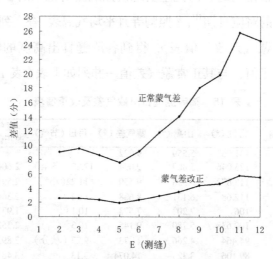

图 11　陶寺测缝日出蒙气差及改正值

3. 据冬至测缝数据推算天文年代

考古天文学的年代推算既要依据模拟观测的实测

数据，又要有一些基本设定，还要估计出适当的年代误差。如果没有一些基本假设作为前提，考古遗迹的天文学年代就无从谈起。本文的基本设定是：假设陶寺文化大型建筑基址 II FJT1 的 D9 与 D10 号夯土柱之间的东 2 号狭窄缝隙，是用来观测冬至日出的，当太阳出山正好位于测缝中间时，陶寺先民认为冬至时节来临。作出这样的基本假设，我们有充分的理由。

首先，冬至日出方位用目视观测是不难确定的，因为如果站在同一地点观测，那么一年中日出方位在冬至这一天到达最南点，而后向北返回；人们只需找到日出方位的最南点，通过地面标志物与之相联系，便找到了判断冬至来临的简便方法。这种关系一旦确定，在一定时期（如 100 年以内）肉眼观测很难发现地标与日出最南点的相对位置有所改变。陶寺先民通过夯土建筑将这一天文准线确定下来，以测定冬至时节是完全可能的，不存在经验和技术上的障碍。古代其他确定冬至时节的方法，如测正午时日影最短、测白昼最长、测偕日见伏星及昏旦中星等，都不如测日出方位更加简便易行，因而这种方法有可能是原始先民最早掌握的观象授时方法。

其次，考古界一般认为陶寺城址是传说中尧帝时代的都城遗址，据《尚书·尧典》《史记·五帝本纪》等典籍记载，尧帝曾经派天文官在冬夏至与春秋分时对太阳出入和恒星昏中天等天文现象进行观测，据此制定一年长度为 366 日并设置闰月的阴阳历。具有这样的天文学背景，陶寺先民设计和建造天文台是顺理成章的事情，不存在知识水平和认识能力上的障碍。

再次，如前所述，陶寺建筑基址ⅡFJT1 的结构特征表明它可能具有观象授时的功能。

最后，检验结果，看根据实测数据推算的天文年代是否与陶寺文化中期的碳 14 年代相符。

（1）年代与黄赤交角的变化

从观测数据可知：当冬至日出一半在崇山岭时，太阳在靠近东 2 号缝的偏东处，并不在东 2 号观测缝中，而此后大约 6 分 10 秒左右，当初升的太阳正好位于冬至测缝正中时，它的下边缘已离开峰峦，略高于峦顶。这种情况预示着：在古代必定有某个时期，冬至日太阳出山时正好落在冬至观测缝中，因此可以把东 2 号缝看作是冬至观测缝，它就是历史时期用来观测冬至日出方位的；现在的冬至日出之所以向北移出冬至观测缝，主要是由于古今黄赤交角的变化引起的。

现代天文学知识告诉我们，由于地球公转受到行星的摄动，公转轨道面黄道面及黄极位置有小幅改变，称之为"行星岁差"，引起黄赤交角（ε）发生变化。这种变化是周期性的，黄赤交角（ε）最大时可达 24.24°，最小时为 22.1°，变动周期约 40,000 年。近来黄极正向天极靠近，黄赤交角每世纪减小 47″（角秒）左右，这种减小还会持续 15,000 年左右，然后转为增大。1901 年美国天文学家纽康提出黄赤交角的计算公式，这就是著名的"纽康公式"，据此可以推知历史时期黄赤交角的改变量（$\triangle\varepsilon$）。冬至日太阳赤纬到达极南（$\delta_\odot=-\varepsilon$），因此古今冬至时刻太阳赤纬的改变量（$\triangle\delta$）即等于黄赤交角的改变量（$\triangle\varepsilon$）。

将纽康公式换算到标准历元 2000.0 年新值，黄赤交角公式为：

$$\varepsilon=23°26'21.448''-46.815''\,T-0.00059''\,T^2+0.001813''\,T^3。$$

式中 T 为自标准历元 2000.0 起算的世纪数。

据上式古今黄赤交角的改变量（$\triangle\varepsilon$）亦即冬至太阳赤纬的改变量（$\triangle\delta$）为：

$$\triangle\varepsilon = 46.8150'' \, T + 0.00059'' \, T^2 - 0.001813'' \, T^3 = \triangle\delta。$$

若已知古今冬至太阳赤纬的改变量 $\triangle\delta$，即可求出距今世纪数 T。

（2）年代解算示意图

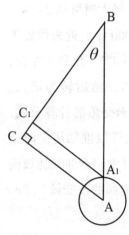

图 12　年代解算示意图

计算古冬至太阳赤纬的基本原理，如下图所示（图 12），在 △ABC 中，AC 表示今冬至日出线，B 表示古冬至日出点，过 B 点作 AC 的垂线交 AC 于 D，则 BD 为古今冬至日出的赤纬差。在天球上，AC 在周日平行圈上，AB 在等高圈上，BC 在地平经圈上，前二者不属于大圆，故 △ABC 不属于球面三角形，不使用球面三角公式。但据测算 AC=1°.249，△ABC 为小三角形，可以近似地看作平面直角三角形，应用平面三角公式求解。

（3）日出状况的设定

陶寺文化时期，在利用观象台进行日出观测时，可能认定日出过程中的三种状况之一作为"日出"，我们姑且称之为"古日出"。这三种可能是：日始出——太阳刚刚冒出山头，即太阳上边缘与崇山顶部相切；在此情况下的太阳高度等于山高减去太阳视半径。日半出——太阳一半出山，即太阳中心与崇山顶缘重合；在此情况下的太阳高度等于山高。日既出——太阳刚好全部出山，即太阳下边缘与崇山顶部相切。在此情况下的太阳高度须用山高加上太阳视半径。

如在图中，我们把日出 A 点作为"日半出"，日出 A 点以上的 A_1 点就是"日既出"，同理可以作出 A 点以下的 A_0 点就是"日始出"。分别计算赤纬差 AC、A_1C_1、A_0C_0 及其对应的年代，再参照考古学的碳14年代，可以确定陶寺观象台所观测的"日出"属于何种状态。

（4）古今日出冬至测缝中线的高度差

已知冬至测缝中线山顶高度为 H=5.809°，又算得蒙气差 R_0=0.152°，蒙气差改正值 $\triangle R$=0.043°，今冬至日出至测缝中线时刻的太阳高度 h=6.326°；设定陶

寺先民以"日半出"为标准日出,那么在冬至测缝正中线上,古今冬至那天的太阳高度差为

$$\triangle h = AB = 太阳高度 - 山高 + 蒙气差 + 蒙气差改正$$

$$= h - H + R_0 + \triangle R$$

$$= 6.326° - 5.809° + 0.152° + 0.043°$$

$$= 0.712°$$

若以"日始出""日既出"为标准日出,只须在上述 BC 数值上加减太阳视半径($r_⊙ = 0.267°$)即可。

(5)古今冬至太阳赤纬差的计算

已知角 $\theta = 43.698°$,在 $\triangle ABC$ 中,BC 为古今冬至太阳赤纬差 $\triangle \delta$,

$$BC = AB \times \sin\theta$$

$$= 0.712° \times \sin 43.698°$$

$$= 0.492°。$$

(6)距今年数

古今冬至太阳赤纬的改变量($\triangle \delta$)等于黄赤交角的改变量($\triangle \varepsilon$),据"纽康公式"得到:

$$\triangle \varepsilon = 46.8150'' T + 0.00059'' T^2 - 0.001813'' T^3 = \triangle \delta$$

以"日半出"为标准日出,将 $\triangle \delta = 0.492°$ 代入上式,得

T=40.4（世纪数）。

即距今4040年。

年代计算结果列如下表（表16）：

表16

冬至 缝中线	古今 高度差（°）	古今 赤纬差（°）	距今 年数
日始出	0.979	0.676	6055
日半出	0.712	0.492	4040
日既出	0.445	0.307	2415

4. 据夏至测缝数据推算天文年代

夏至太阳赤纬 δ=23.44°，夏至测缝方位角 A=−119.651°，缝中线山高 H=1.267°，蒙气差 R_0=0.410°，蒙气差改正值 $\triangle R$ =0.093°，其他与冬至情况相同。

据球面三角的正弦公式，得

$\cos\varphi/\cos\theta=\cos\delta/\sin$（60.349°）

θ= 39.873°；

套用球面三角的余弦公式，得到

$\sin\varphi= \sin\delta\sin h+\cos\delta\cos h\sin\theta$

$\sin\delta= \sin\varphi\sin h-\cos\varphi\cos h\cos$（−119.651°）

解得今夏至太阳位于测缝正中时刻的高度为

h=0.115°。

以古"日半出"为日出例，古今夏至太阳至测缝正中时刻的高度差为

$$\triangle h = 山高 - 太阳高度 - 蒙气差 - 蒙气差改正$$
$$= H - h - R_0 - \triangle R$$

古以"日既出"或"日始出"为日出的情况，在"日半出"基数上加减太阳视半径（0.267°）即可。所算结果列如下表（表17）：

表 17

夏至缝中	高度差（°）	赤纬差（°）	距今年数
日始出	0.382	0.245	1910
日半出	0.649	0.416	3343
日既出	0.916	0.587	4995

5. 年代结果

比较冬至与夏至日出的年代计算结果，如下表：

表 18

	日始出	日半出	日既出
冬至	−6055	−4040	−2415
夏至	−1910	−3343	−4995

　　从上表中看出，只有"日半出"状态比较符合实际。尤其是冬至日半出数据对应的距今年数与陶寺文化的考古学碳14年代相符。考虑到夯土建筑及肉眼观测太阳位置可能存在3角分（0.05°）以上的误差，合年代约300年，因此陶寺观象台建筑基址的天文学年代为距今4040±300年。陶寺文化中期的考古学碳14年代（距今4100—4000年）正好落在其天文年代范围之内。

　　[节选自"中国科学院知识创新工程重要交叉方向项目［编号KACX2-SW-01]"的结题报告：《山西陶寺古观象台遗迹研究》（作者的首站博士后出站报告），原报告全文13万余字]

陶寺观象台与《尧典》星象的天文年代

【摘要】 一般认为陶寺城址可能是"尧都"，其观象台遗迹的绝对年代距今4100±100年，与传说中的尧帝时代相符合。中外学者对《尧典》星象作过一系列研究，其主流意见认为它记录了尧帝时代的天象。最新采用地平方法重新计算《尧典》星象的天文年代，其结果与观象台遗迹的考古学年代相符合。

【关键词】 陶寺观象台 《尧典》 星象 天文年代

近年来考古工作者在山西省襄汾县陶寺城址发现距今约 4100 多年的观象台遗迹 [1]，引起国内外学术界的广泛关注。在陶寺文化中期古城的东南垣有一大型半圆形附属建筑（编号为 II FJT1），在其夯土台基上，呈圆弧状排列着夯土柱列，夯土柱之间构成十多道狭窄的观测缝；在其中心部位发现有略呈同心圆状的夯土圈围筑而成的观测台，观测点位置十分明确。人们站在观测点上，在冬至和夏至日，可从狭缝中看到太阳从崇山（俗称塔儿山）升起，其他观测缝分别对应于不同的时节。它的功能包括观测日出方位确定季节，以制定历法，即所谓"观象授时"。英国 *Nature* 杂志 2005 年 11 月 10 日第 438 期、德国天文学杂志 *Astronomie Heute* 2006 年 1—2 月号报道了陶寺观象台考古发现的消息。著名天文学家王绶琯院士在《陶寺

---

[1] 中国社会科学院考古研究所山西工作队、山西省考古研究所、临汾市文物局:《山西襄汾县陶寺城址发现陶寺文化大型建筑基址》,《考古》2004 年第 2 期; 中国社会科学院考古研究所山西工作队、山西省考古研究所、临汾市文物局:《山西襄汾县陶寺城址祭祀区大型建筑基址 2003 年发掘简报》,《考古》2004 年第 7 期; 中国社会科学院考古研究所山西工作队、山西省考古研究所、临汾市文物局:《山西襄汾县陶寺中期城址大型建筑 II FJT1 基址 2004—2005 年发掘简报》,《考古》2007 年第 4 期。

古观象台遗迹研究项目》推荐信中针对这一重大发现指出："中国有着5000年光辉灿烂的文明史，中国天文学在近代以前一直处于世界领先地位。但由于文献记载的缺失，我们对于商周以前上古天文学的发达水平知之甚少，考古发掘弥补了这一缺憾。"在2005年10月中国社会科学院考古研究所举行的"陶寺城址大型特殊建筑功能及科学意义论证会"[1]上，中国科学院院士、夏商周断代工程首席科学家、著名科学史学家席泽宗先生称该遗迹的天文观测功能可以肯定，并称陶寺观象台的建造是中国天文学史的真正开端；陶寺天文观测遗迹的发现是中国考古天文学的真正开端。与会的科学史专家纷纷引述《尚书·尧典》等相关文献记载，印证陶寺古观象台的发现。那么《尧典》"四仲中星"的天文年代是否与陶寺观象台的考古学年代相符合？这是论证陶寺天文遗迹具有观象授时功能必须回答的重要问题，在此试作探讨，藉以推动对这一重大发现的深入研究。

---

[1] 江晓原等：《山西襄汾陶寺城址天文观测遗迹功能讨论》，《考古》2006年第11期。

1. 观象台遗迹与古史传说

陶寺观象台遗迹与西方类似的史前遗迹相比，不仅有明确的考古学文化属性即属于新石器时代陶寺文化，而且还有明确的考古学地层关系。观象台遗迹北依陶寺文化中期大城南垣，与中期大城融合为一体，并为陶寺文化晚期的灰坑所打破，因此观象台遗迹属于陶寺文化中期无疑。这就使得陶寺天文观测遗迹有明确的考古学碳 14 年代，根据自 20 世纪 70 年代末以来公布的陶寺文化碳 14 测年数据[1]，陶寺观象台遗迹的绝对年代为距今 4100±100 年。这是迄今为止世界上其他类似遗迹所没有的。

考古学及历史学界一般认为陶寺城址可能是尧帝的都城。早在 1987 年陶寺尚未发现城址之前，苏秉琦先生就在《华人·龙的传人·中国人——考古寻根记》一文中指出襄汾陶寺遗址是"帝王所都"，晋南是陶寺

---

[1] 高天麟、张岱海：《关于陶寺墓地的几个问题》，《考古》1983 年第6 期；中国社会科学院考古研究所实验室：《放射性碳素测定年代报告》（10），《考古》1983 年第 7 期；高天麟、张岱海、高炜：《龙山文化陶寺类型的年代与分期》，《史前研究》1984 年第 3 期。

文化时期（舜）的"中国"；1999 年他又在《中国文明起源新探》一书中称陶寺文化遗存是帝尧及其陶唐氏部族点燃的"最早、也是最光亮的文明火花"[1]。1987 年王文清先生提出"陶寺遗址、墓地的文化遗物，在地望、年代、器物、葬法和赤龙图腾崇拜迹象等方面，基本上与帝尧陶唐氏的史迹相吻合，很可能是陶唐氏文化遗存"。[2] 此后王克林、黄石林、卫斯等先生先后撰文论述陶寺遗址即尧都所在 [3]。

陶寺观象台与类似遗迹的又一显著区别在于它的自然山峰背景。其他类似遗迹如英国"巨石阵"（Stonehenge），只是一个人工遗迹，陶寺天文遗迹则以自然山峰做衬托，人工建筑与天然背景相融合，天人合一，构成一个巨大的天文照准系统，用来观测日出方位以制定历法。一些原始部落长期保持根据日出

[1] 苏秉琦：《华人·龙的传人·中国人——考古寻根记》，《中国建设》1987 年第 9 期；苏秉琦：《中国文明起源新探》，三联书店，1999 年。

[2] 王文清：《陶寺遗存可能是陶唐氏文化遗存》，《华夏文明》（第一辑），北京大学出版社，1987 年。

[3] 王克林：《陶寺文化与唐尧、虞舜——论华夏文明的起源（下）》，《文物世界》2001 年第 2 期；黄石林：《陶寺遗址乃尧至禹都论》，《文物世界》2001 年第 6 期；卫斯：《"陶寺遗址"与"尧都平阳"的考古学观察》，《襄汾陶寺遗址研究》，科学出版社，2007 年。

山峰来判断季节的风俗，如美洲土著霍比（Hopi）人观测日出山头来确定举行冬至典礼的日期[1]，就是一个例证。

陶寺观象台的背景山叫"崇山"。《读史方舆纪要》卷四十一载"崇山在（襄陵）县东南四十里，一名卧龙山，顶有塔，俗名大尖山"；《大明一统志》指"塔儿山"为"崇山"[2]。《山海经·海外南经》载"狄山，帝尧葬于阳，帝喾葬于阴"；《帝王世纪》引《山海经》作"尧葬狄山之阳，一名崇山"；《论衡·书虚篇》"尧帝葬于冀州，或言葬于崇山"。文献载有"崇伯鲧"（《国语·周语》），因治河无方被尧帝诛杀，尧帝启用其子禹治水，嗣封称为"崇禹"（"崇禹"之名见《逸周书·世俘解》）。《国语·周语上》及《郑语》载"昔夏之兴也，融降于崇山"。《史记·夏本纪》刘起釪注译："鲧居地在崇（山西襄汾、翼城、曲沃之间的崇山），称崇伯。"[3]陈昌远先生认为：

---

[1] 〔英〕米歇尔·霍金斯主编，江晓原等译：《剑桥插图天文学史》，山东画报出版社，2003年，第16—17页。

[2] 〔明〕顾祖禹：《读史方舆纪要》卷四一"山西三·平阳府"，中华书局，2005年；〔明〕李贤、彭时等：《大明一统志》卷二〇"平阳府·山川"，三秦出版社，1990年。

[3] 王利器：《史记注译》，三秦出版社，1988年。

"古崇国应在今山西南部襄汾崇山，即夏族兴起地。"[1]
何光岳先生研究，崇人约在唐虞以前随夏部落联盟越
过岷山顺渭水东下，迁至今山西省襄汾县一带，处于
帝尧部落联盟的中心地区。今塔儿山古名崇山，因崇
人迁居而得名[2]。杨国勇先生也主张襄汾崇山与崇伯鲧
及夏族兴起有关[3]。

近年来陶寺遗址的考古工作，从城墙、宫殿、大
贵族墓葬、观象授时与祭祀建筑、大型仓储等王都要
素方面取得重大进展，不仅揭示出中国史前最大的城
址，而且展示出一个新石器时代都邑聚落要素最全的
标本，在证明陶寺城址为"尧都"方面提供了坚实的
考古学证据。十分巧合的是，这里又有传说中的"崇
山"，"尧都平阳"也在附近一带。这些相关的文献记
载与历史传说，也是世界其他类似遗迹所没有的。

---

[1] 陈昌远：《"虫伯"与文王伐崇地望研究——兼论夏族起于晋》，《河南大学学报》1992年第1期。

[2] 何光岳：《炎黄源流史》，江西教育出版社，1992年，第825—837页。

[3] 杨国勇：《山西上古史新探》，中国社会科学出版社，2002年，第71页。

2. 尧帝的历史年代

文献典籍记载尧帝时代的距今年数，主要由尧舜在位年数、夏商积年及武王伐纣年份三项要素决定，兹据有关记载，略作整理如下。

（1）尧、舜在位年数

《史记·五帝本纪》载，尧立七十年举舜用事，九十年使舜摄政，摄政八年而尧崩，尧帝在位共九十八年[1]。舜避尧子丹朱二年后践帝位，践位三十九年巡死苍梧。故自尧立到舜死共历 139 年。

（2）夏、商积年

夏积年主要有两种说法。一是《汲冢纪年》的 471 年；一是《汉书·律历志》引刘歆《世经》的 432 年。商积年主要有三种说法。一为《汲冢纪年》的 496 年；二为《初学记》卷九引《帝王世纪》的 629 年；三为《册

---

[1]《史记·五帝本纪》《论衡·气寿篇》《史记集解》引《帝王世纪》皆云"尧在位九十八年"。

府元龟》卷一《帝王部·帝系》的 645 年。据上引两个
夏年、三个商年，则夏、商、西周积年在 1100—1400
多年间，符合《论衡·异虚篇》"（周）幽、厉王之去
夏世以为千数岁"的记载。

（3）武王伐纣年份

武王伐纣年份源于汉人或汉以前的文献记载主要
为三说：其一，刘歆《世经》用三统历所推为前 1122
年；其二，据《史记·鲁世家》所推在前 1054 年；其
三，据《汲冢纪年》上推在前 1027 年。夏商周断代工
程"武王克商年代研究"课题组，根据《利簋》铭文及
《尚书·武成》《牧誓》及《逸周书·世俘解》等有关武
王克商的记载，采用现代天文学方法推定武王伐纣在
公元前 1046 年 [1]。笔者也曾撰文基于对有关文献的最
新诠释，从新的角度论证前 1082 年或前 1046 年为伐
纣年的可能年份 [2]。兹以四种伐纣年为基点推出尧立年
份如下表。

---

[1] 夏商周断代工程专家组：《夏商周断代工程 1996—1999 阶段成果报
　　告》（简稿），世界图书出版公司，2000 年。

[2] 武家璧：《武王伐纣天象及其年代历日》，《古代文明》第 5 卷，文物
　　出版社，2007 年。

表 1　尧立年份的历史年代

（公元前）

尧舜积年	夏积年	商积年	伐纣年份		尧立年份
139 五帝本纪	471 汲冢纪年	496 汲冢纪年	刘歆	1122	2228
			汲冢纪年	1027	2133
			鲁世家	1054	2160
			断代工程	1046	2152
		629 帝王世纪	刘歆	1122	2361
			汲冢纪年	1027	2266
			鲁世家	1054	2293
			断代工程	1046	2285
		645 册府元龟	刘歆	1122	2377
			汲冢纪年	1027	2282
			鲁世家	1054	2309
			断代工程	1046	2301
	432 汉志	496 汲冢纪年	刘歆	1122	2189
			汲冢纪年	1027	2094
			鲁世家	1054	2121
			断代工程	1046	2113
		629 帝王世纪	刘歆	1122	2322
			汲冢纪年	1027	2227
			鲁世家	1054	2254
			断代工程	1046	2246
		645 册府元龟	刘歆	1122	2338
			汲冢纪年	1027	2282
			鲁世家	1054	2309
			断代工程	1046	2301

依上表，尧帝的历史年代约在公元前 2100—2400
多年间，与陶寺文化中期的碳 14 年代距今 4100±100

年，是相兼容的。

东晋南朝之际人们相信距尧时二千七百余年。《宋史·律历志》载虞喜（281—356）云"尧时冬至日短星昴，今两千七百余年"，又载元嘉二十年（公元443年）何承天曰"《尧典》云'日永星火，以正仲夏'……尔来二千七百余年"。《水经注》卷二十四《瓠子河》"濮水"下引郭缘生《述征记》："自汉迄晋，二千石及丞、尉多刊石，述叙尧即位至永嘉三年（309年），二千七百二十有一载，记于《尧碑》，见汉建宁五年（172年）五月成阳令管遵所立碑。"据此则尧立在公元前2412年。《隋书·经籍志》的《史部·杂传类》载郭缘生为"（刘）宋天门太守"，与何承天同时，所记《尧碑》纪年反映了"自汉迄晋"对尧帝即位之年的一种比较流行的看法。

唐僧一行《大衍历议·日度议》云："自尧帝演纪之端，（冬至）在虚一度，及今开元甲子（724年）却三十六度，而乾策复初矣。"按四分历"纪法"1520年，《大衍历》"通法三千四十"，合四分历"两纪"之数，故"尧帝演纪之端"去开元甲子年3040年，则一行所推尧立之年为公元前2316年。北宋邵雍《皇极经世书》

列帝尧元年甲辰年为公元前 2357 年。

上所列一些数值偏大的尧帝纪年，大致在公元前 2300—2400 多年之范围，与陶寺文化早期的考古学年代相适应。

3.中外学者对《尧典》星象的研究

《尚书·尧典》与天文学年代有关者，是关于"四时"的记载，列表如下：

表 2 《尧典》的"四时"

四时	四臣四宅	分至	农事	四仲中星	民居	物候
春分分命羲仲	宅嵎夷曰旸谷	寅宾出日	平秩东作	日中星鸟以殷仲春	厥民析	鸟兽孳尾
夏至申命羲叔	宅南交[曰明都]	敬致[日北]	平秩南讹	日永星火以正仲夏	厥民因	鸟兽希革
秋分分命和仲	宅西[土]曰昧谷	寅饯纳日	平秩西成	宵中星虚以殷仲秋	厥民夷	鸟兽毛毨
冬至申命和叔	宅朔方曰幽都	[敬致日南]	平在朔易	日短星昴以正仲冬	厥民隩	鸟兽鹬毛

其中鸟、火、虚、昴四星，根据《夏小正》《淮南子·主术训》《说苑·辨物》等记载，以及唐张守节《史记·五帝本纪正义》、孔颖达《尚书·尧典正义》引述

的汉唐注释，可解释为二分二至的"昏中星"，称为"四仲中星"。给"四仲中星"合理设定若干必要条件，就可以运用岁差理论计算出这些天象发生的天文年代，从而帮助我们断定《尧典》的年代和真实性。

东晋虞喜根据《尧典》中星与当时实测中星不同而发现"岁差"。《宋史·律历志》："虞喜云：尧时冬至日短星昴，今两千七百余年，乃东壁中，则知每岁渐差之所至。"自昴至东壁差约五十度。《宋书·律历志》载何承天云："《尧典》云'日永星火，以正仲夏'，今季夏则火中；又'宵中星虚，以殷仲秋'，今季秋则虚中。尔来二千七百余年，以中星检之，所差二十七八度。则尧冬令至，日在须女十度左右也。"以上据不同节气的中星得到不同的"岁差"常数，《新唐书·历志》载"虞喜……使五十年退一度，何承天以为太过，乃倍其年"。这说明在相同的观测条件下，回推《尧典》四仲中星的年代不能自洽。

唐僧一行《大衍历议·日度议》曰："自帝尧演纪之端在虚一度……日在虚一，则鸟、火、昴、虚皆以仲月昏中，合于《尧典》。"这里隐含着一个假定：即四仲中星与午中星（日在）互相推移，前一季的昏中星是后一季的午中星（日在），如冬至那天昴星昏中，那么必定是虚星午中（日在虚），故一行判断尧时冬至日在虚一度。据《尧典》中星推算尧时冬至日在位置者，还有祖冲之谓在危十一度，梁武帝据虞𨚲历谓在斗牛之间，隋张胄玄谓在虚七，唐傅仁均谓在虚六，元郭守敬谓在女虚之交，明徐光启谓在虚七度[1]。清戴震（1724—1777）在《书补传》《记夏小正星象》中以岁差推定《尚书·尧典》四仲中星与《夏小正》所载星象大致符合，而与《春秋》时期所测不同，推断系唐虞时实测；在其《续天文略》中考证得出《尧典》中星是距今2300多年前的天象[2]。戴震是中国学者中最早根据岁差理论推断《尧典》年代的人。

西方学者中最早根据近代天文学岁差理论推算《尧典》星象天文年代者，要数清初来华的法国耶稣会传教士宋君荣（Antoine Gaubil，1689—1759），

[1] 参看盛百二：《尚书释天》；王应麟：《六经天文编》；雷学淇：《古经天象考》；林昌彝：《三礼通释》；转自刘朝阳：《从天文历法推测〈尧典〉之编成年代》，《燕京大学学报》1930年第7期；又见《刘朝阳中国天文学史论文选》，大象出版社，2000年。陈遵妫：《中国天文学史》（中册），上海人民出版社，2006年，第485页注④。

[2] 安徽丛书编审会编辑：《戴东原先生全集》，《安徽丛书》（第六期），安徽丛书编印处上海影印版，1936年。

他于 1732 年在巴黎出版《中国天文概论》(*Traité de l'astronomie Chinoise*)一书，以《诗经》《书经》等古籍中的天文记录为依据，推断中国历史可以上溯到《圣经》记述的历史以前。宋君荣以《尧典》虚、鸟(星宿)、昴、火(房宿)四星为冬夏至、春秋分点的位置，按汉初星宿范围以赤道系统推算其分至点分布在该四星的年代如下表(表 3)[1]，其平均年代为公元前 2476 年，大致符合中国古史传说中的五帝时代。宋君荣通过选定分至点在较宽四星宿度范围内的方法，掩盖了《尧典》四仲中星年代不能自洽的问题。

表 3　宋君荣计算表

四仲	太阳赤经	太阳位置	宿度范围	下限年代	上限年代
春分	0°	昴宿	金牛 η—金牛 ε	前 2219 年	前 3042 年
夏至	90°	星宿	长蛇 α—长蛇 γ	前 2153 年	前 2766 年
秋分	180°	房宿	天蝎 π—天蝎 σ	前 2394 年	前 2795 年
冬至	270°	虚宿	宝瓶 β—宝瓶 α	前 1858 年	前 2586 年
				前 2156 年	前 2797 年
			平均	公元前 2476 年	

　　在宋君荣工作的基础上，1862 年法国汉学家毕奥

---

[1] 陈遵妫:《中国天文学史》(中册)，上海人民出版社，2006 年，第 484 页注③。

（J. B. Biot，1803—1850，或音译为比约、卑奥、俾俄等）以公元前2357年为尧帝即位之年，推算当年分至点位置，得到尧时冬至点位置与隋张胄玄、明徐光启的虚七度基本一致；又据北纬35°地区计算的日落时刻得到昏时如下表（表4）[1]。

表4　毕奥计算表

2357BC		距星	分至点位置	昏时
春分点	昴	金牛 η	昴初 +1°29 44″	19时15分
夏至点	星	长蛇 α	星初 +2°23′30″	21时02分
秋分点	房	天蝎 π	房初 −0° 22′14″	19时15分
冬至点	虚	宝瓶 β	虚初 +6°45 34″	18时25分

毕奥氏得出结论：仅有冬至昏中星与《尧典》记载相合，春分、夏至及秋分与实际昏中度数相差颇多，因此只有"日短星昴"是尧时的实际天象，其他中星是以冬至为基点，由某种人为规定计算出来的。毕奥首次对《尧典》四星年代不能自洽的问题给出一种

---

[1] J. B. Biot, *Etudes sur l' astronomie chinoise*（《中国天文学研究》），1862。高鲁：《星象统笺》，天文研究所刊印本，1933年。〔英〕李约瑟：《中国科学技术史·天学》（第四卷），科学出版社，1975年。陈遵妫：《中国天文学史》，上海人民出版社，1980年。刘朝阳：《从天文历法推测〈尧典〉之编成年代》，《燕京大学学报》1930年第7期。

解释。

　　此外，还有墨特霍斯脱（Medhurst）、湛约翰（John Chalmers）、歇莱格尔（Cu-tav Schlegel）、索绪尔（Leopold de Saussure，或译德莎素）等西方学者研究过《尧典》星象的天文年代[1]，结论不一。总体上西方学者持论比较公正，对宣传中国悠久的历史和古老的文明产生积极影响，使中国上古天文学的发达成就，在西方学者脑海中留下深刻印象。

　　日本学者研究《尧典》星象的年代与20世纪初在日本兴起的疑古风潮密切相关。1909年白鸟库吉发表《支那（中国）古传说之研究》的演讲[2]，提出有名的"尧舜禹抹杀论"，指中国古书所传尧舜禹故事皆为神话，此论在日本风行一时，赴日留学的钱玄同、郭沫若等

---

[1] 刘朝阳：《从天文历法推测〈尧典〉之编成年代》，《燕京大学学报》1930年第7期；湛约翰：《中国古代天文学考》，《科学》1926年第12期。

[2] 白鸟库吉：《支那古传说の研究》，《东洋时报》1909年8月第131号，《白鸟库吉全集》（第八卷），岩波书店，昭和四十五年，第381—391页；又白鸟库吉著，黄约瑟译：《中国古传说之研究》，刘俊文主编：《日本学者研究中国史论著选译》第一卷"通论"，中华书局，1992年，第1—9页。

辈受其影响，回国后掀起和加入了"疑古"运动[1]。

白鸟库吉认为《尧典》中的天文纪事并非出于实地观测，而是出于占星术的思想，中国十二宫、二十八宿的知识以及阴阳之说，都是在孔子以前从伽勒底、亚叙亚方面传入中国的。1912—1914年《东洋学报》连载了白鸟库吉的学生桥本增吉的长篇论文《书经的研究》[2]，对《尚书·虞书》所载的天象进行详细考证，以支持其师的尧舜禹否定论。桥本对《尧典》星象的研究采用如下方法：选定距星如新城新藏氏，则四距星与现在春分点的距离为已知；设定尧时黄赤交角为24°，观测地纬度为北纬35°，太阳入地平线下7°为观测时刻等，再据二分二至昏中经推定当年四距星至其春分点的距离；四距星当年及现在与春分点距离的差值，就是今春分点相对于尧时春分点的退行值；

[1]　胡秋原：《一百三十年来中国思想史纲》，（台北）学术出版社，1980年；廖名春：《试论古史辨运动兴起的思想来源》，《原道》第四辑，学林出版社，1998年。

[2]　桥本增吉：《书经の研究》，《东洋学报》1912年第2卷第3号，1913年第3卷第3号，1914年第4卷第1、3号连载；桥本增吉著、陈遵妫译：《虞书之研究》，《中国天文学会会报》1912年第3期；刘朝阳：《从天文历法推测〈尧典〉之编成年代》，《燕京大学学报》1930年第7期。

根据岁差理论计算四仲中星各自对应的年代，如下表所示 [1]。

表5　桥本增吉计算表

四仲		中星	至春分点的距离		差值	距今年数
			现在	尧时		
春分	鸟	长蛇 α	145°58′	97°48′	48°10′	3410
夏至	火	天蝎 π	241°51′	190°50′	51°1′	3620
秋分	虚	宝瓶 β	322°20′	277°48′	44°32′	3160
冬至	昴	昴星团	418°56′	350°34′	68°22′	4900

桥本利用四仲中星的理论年代不统一这个问题，进而否定《尧典》的真实性，并根据其内容含有阴阳思想断定为周代作品，其目的完全是为了支持他的老师白鸟库吉的"尧舜禹抹杀论"。

另一日本学者饭岛忠夫认为：中国天文历法起源于古希腊，大约在前331年马其顿亚历山大大帝灭波斯后，西方天文学包括二十八宿体系在内，经中亚传入中国 [2]。其基本依据是：中国二十八宿以"牵牛初度"（摩羯座 β）为冬至点，该点同时也是中国历法的

[1] 桥本增吉：《书经尧典の四中星に就いて》，《东洋学报》1928年第17卷第3期。

[2] 饭岛忠夫：《支那历法起源考》，（东京）冈书院，昭和五年。

基本点，这与希腊巴比伦的冬至点在摩羯座 β 附近一致；据岁差理论可计算冬至牵牛初度的年代在公元前 396—382 年间[1]，而对《尧典》四仲中星年代的计算也与冬至牛初的年代相符合[2]。饭岛计算中星年代的方法很特别：以分至那天四星到达南中天的午后时间为标准，比较尧时（前 2300 年）及战国时期（前 400 年）南中时刻的差异如下表。

表 6　饭岛忠夫计算表

四仲	中星	前 2300 年		前 400 年	
		中天赤经	南中时刻	中天赤经	南中时刻
春分　鸟	长蛇 α	5h43m（85°.75）	5 时 43 分	7h28m	7 时 28 分
夏至　火	天蝎 π	12h57m（194°.25）	5 时 57 分	13h42m	7 时 42 分
秋分　虚	宝瓶 β	17h36m（264°）	5 时 36 分	19h21m	7 时 21 分
冬至　昴	金牛 η	23h47m（356°.75）	5 时 47 分	1h32m	7 时 32 分

---

[1] 冬至点在"牵牛初度"的年代实为前 450 年左右，参见中国天文学史整理研究小组编著：《中国天文学史》，科学出版社，1981 年，第 91 页注②；潘鼐：《中国恒星观测史》，学林出版社，1989 年，第 34 页。人们采用不同精度的尾数计算，结论略有差异。

[2] 饭岛忠夫：《支那古代史论》第二十七章《书经诗经之天文历法》，东洋文库，1925 年；饭岛忠夫撰，陈啸仙译：《书经诗经之天文历法》，《科学》1928 年第 13 卷第 1 期第 18—44 页；饭岛忠夫：《尧典的四中星に就いて》，《东洋学报》1930 年第 18 卷；饭岛忠夫：《中国古代天文学成就之研究》，《科学》1926 年第 11 卷第 12 期。

饭岛的计算结果为尧时四星中天的时间在下午 5
时以内，显然在中国黄河流域除冬至以外其他三个节
气太阳尚未落入地下，不可能看到昏星，因此四仲中
星不是尧时的天象。而在公元前 400 年左右四星中天
的时间都在下午 7 时之内，于是饭岛规定《尧典》四
仲中星的观测时刻在午后 7 时整，则四星到达南中天
的年代必在公元前 400 年稍后，这就与冬至在牵牛初
度的年代正好符合。据此饭岛忠夫认为《尧典》是战
国时代人伪造的，而《左传》则是西汉末年的刘歆伪
造的。饭岛武断地以午后 7 时为四仲中星的观测时刻，
这与中国古代漏刻制度对昏明时刻的规定并不相符；
且中纬度地区夏至日落在下午 7 时以后，7 时整根本
看不到昏星[1]，因此饭岛忠夫的结论是站不住脚的。

以严谨考据学风著称的日本京都学派代表人物新
城新藏，对中国上古天文学进行全面系统研究，得出
结论：中国"太古以来到太初约两千年的天文学的历
史发展，是一种完全自发的演变历史，丝毫看不到任

[1] 刘朝阳：《从天文历法推测〈尧典〉之编成年代》，《燕京大学学报》
1930 年第 7 期。

何外来影响的形迹"[1]。他试图通过考察《尧典》星象的年代证明尧帝时代的真实可靠性。新城氏的方法是确定公元前2300年前后为尧帝时代，以《后汉书·律历志》所记昼夜漏刻规定的初昏时刻为观测时间，计算前2300年前后《尧典》四星距星的赤经及二分二至的昏中赤经，得到两赤经之差，又设定包括选择昏中星在内的观测误差范围，然后合理解释这两种差值的来源[2]。如下表所示。

表7 新城新藏计算表

	前2300年距星赤经		昏中赤经		赤经差	观测误差
鸟	长蛇 α	88°.25	春分	100°.5	+12°.25	+2°
火	天蝎 α	187°.75	夏至	207°	+19°.25	+9°
虚	宝瓶 β	263°.75	秋分	279°.25	+15°.5	+6°
昴	昴星团	357°.25	冬至	351°	−6°.25	−16°.5
			平均		+10°.25	±3°.75

[1] 新城新藏:《太初历之制定》,《东洋天文学史研究》,弘文堂,1928年;新城新藏著, 沈璿译:《东洋天文学史研究》, 中华学艺社, 1933年,第22页。

[2] 新城新藏:《支那上代の暦法》,《芸文》第四卷第5—7号, 1913年;新城新藏:《东汉以前中国天文学史大纲》,《科学》1926年第11卷第6期;刘朝阳:《从天文历法推测〈尧典〉之编成年代》,《燕京大学学报》1930年第7期。

显然，如果《尧典》的记载是尧时的实际天象，那么四星距星的赤经应该等于分至时日的昏中经。新城新藏得到前 2300 年鸟、火、虚、昴四距星的赤经与分至昏中经之差平均值为 +10°.25，他解释这是由于观测时间在分至前 15 日左右造成的；又据观测误差平均 ±3°.75 断定其观测年代在公元前 2300 年前后 300 年左右的范围之内。新城氏将观测日期随意改在分至前 15 日左右，失去《尧典》"殷正四仲"的本意，易受人诟病。新城新藏的学生能田忠亮则从《月令》的天象推测《尧典》四中星的观测年代为公元前 2000 年前后 [1]。

中国学者论述《尧典》星象年代的文章以竺可桢 1926 年发表的《论以岁差定〈尚书·尧典〉四仲中星之年代》[2] 一文最具影响。此文发表虽在日本学者桥本增吉（1912）、新城新藏（1913）、饭岛忠夫（1925）之后，但后出转精，其方法之严谨、科学，足可为天文

---

[1] 能田忠亮：《月令より观たろ尧典の天象》，载《东洋天文学史论丛》，恒星社，1943 年。

[2] 竺可桢：《论以岁差定〈尚书·尧典〉四仲中星之年代》，《科学》1927 年第 11 卷第 12 期；又见《竺可桢文集》，科学出版社，1979 年。

年代学奉为圭臬。竺文指出利用岁差原理推算四仲中星的年代必须建立在四个基本设定之上，即观测日期、时间、纬度及星宿（中西对应星）等，尤其是前二者，竺文指明"若测中星之日期相差十五日，则星次位置可相差至十五度弱，而所推定之年代即相差千有余年"；"若观察之时间相差一小时，则所估之年代可差一千余年"。诚如竺氏所言，同一天象得出不同的年代结论，主要分歧在这些基本设定上。为了检验其方法的可靠性，竺文先对《前汉书》中《天文志》《律历志》记载的昏中星与日在距度进行验算，得其星宿位置距今平均差 29°4′，年代在公元前 190 年（汉惠帝五年），与事实相符合。然后竺可桢将此方法推广到《尧典》四仲中星的计算，设定：观测日期在二分二至；观测时间在始昏终止时刻（日入地下 6 度）；观测地（尧都平阳）纬度取北纬 36°；至于对应星则因虚与昴不易混淆，故只举一宿，对于有歧义的星鸟、星火则分别选取鹑火次（柳星张）、大火次（房心尾）各三宿并举，再根据其年代结果是否同一决定取舍。其计算结果如下表。

表8　竺可桢计算表

四仲	日入时刻	昏时	昏终时刻	尧时昏中经	昏星对应星			1927年赤经	赤经差值	年代
春分	6h11m	26m	6h37m	99°18′	柳初度	长蛇 δ		128°25′	29°07′	殷周之际
					星初度	长蛇 α		141°00′	41°42′	
					张初度	长蛇 ν₁		147°45′	48°27′	
夏至	7h18m	30m	7h48m	207°00′	房初度	天蝎 π		238°36′	31°36′	周初
					心宿二	天蝎 α		245°30′	38°30′	
					尾初度	天蝎 μ₁		251°00′	44°00′	
秋分	6h11m	26m	6h37m	279°18′	虚初度	宝瓶 β		321°56′	42°38′	殷末
冬至	4h48m	28m	5h16m	349°10′	昴初度	昴星团		54°31′	65°21′	唐尧以前

竺可桢同样发现《尧典》四仲中星的年代不能自洽，对于鸟、火、虚三星古今赤经相差38°—42°多，他认为基本同时，应是殷末周初的实际天象；而昴星赤经差65°多，则可能是从唐尧以前流传下来的远古记录，故"《尧典》四仲中星盖殷末周初之现象也"。现在看来，就赤道系统而言，竺文的方法论仍具有指导意义，但主要存在三个方面的问题：

其一，《尧典》四仲中星是分命四臣到四方去观测的结果，而竺文却统一限定在尧都平阳，如赵庄愚先生指出《尧典》明言仲夏观测点在"南交"，只在北纬

20°—25°之间，其昏时要比北纬36°推迟20分钟以上[1]。

其二，将观测时刻定在日入地下6°，这与桥本增吉规定日入地下7°为观测时刻一样，只是一种设想，缺乏文献依据。

其三，没有考虑到昏星的能见度问题。如王胜利先生指出，在二分二至各观测地点从出现0等视亮度恒星的"民用昏影终止时刻"起，到肉眼可见最暗6等星出现的"天文昏影终止时刻"为止，一般相差一小时左右，可知天空每出现较暗1等视亮度的恒星，大约需要经过10分钟。而竺文选取的昏星星等分别为星宿一（长蛇座α）2.0等、心宿二（天蝎座α）1.0等、虚宿一（宝瓶座β）2.9等、昴宿一（金牛座17）3.7等，除1等亮星心宿二（天蝎座α）以外，其他三星在竺氏所列的"始昏终止时刻"，均不可见。

在竺可桢的工作之后，还有：刘朝阳根据《尧典》"历象日月星辰敬授人时"及"期三百有六旬有六日"

---

[1] 赵庄愚：《从星位岁差论证几部古典著作的星象年代及成书年代》，《科技史文集》（10），上海科学技术出版社，1983年。

等记载推测其"为春秋前半期或稍前之作品"[1];祝藕舫考证《尧典》四仲中星断定这段材料是真实的[2];龚惠人肯定《尧典》星象发生在公元前2000年前后[3];罗树元、黄道芳论证《尧典》所述为尧时(约公元前2400年)观象授时的实录[4];赵庄愚论述《尧典》星象出现的真实年代在距今4000年前的夏初,《尧典》底本的写成年代上下限当在距今3600—4100年之间,不能晚到夏代末期[5];王铁推得《尧典》四仲中星均观测于两周之际的公元前800年左右[6];王红旗论定《尧典》星

[1] 刘朝阳:《从天文历法推测〈尧典〉之编成年代》,《燕京学报》1930年第7期。

[2] 姜亮夫:《整理与研究异同辨——有关古籍整理研究若干问题之一》,《文史哲》1984年第6期。

[3] 龚惠人:《尧典四仲中星起源的年代和地点》,1978年中国天文学会年会及第三届代表大会论文,参见陈遵妫:《中国天文学史》(中册),上海人民出版社,2006年,第485页注⑥。

[4] 罗树元、黄道芳:《试论〈尧典〉四仲中星》,《湖南师范大学学报》(自然科学版)1988年第11卷第1期。

[5] 赵庄愚:《从星位岁差论证几部古典著作的星象年代及成书年代》,《科技史文集》(10),上海科学技术出版社,1983年。

[6] 王铁:《论〈尚书·尧典〉四中星的年代》,《华东师范大学学报》(哲学社会科学版)1988年第5期。

象发生在距今 7400 年前 [1]；王胜利则得出与竺可桢基本一致的结论 [2]。其中以赵庄愚等人的论文影响较大，但赵文将观测日期改在节气前后 5—8 天，存在着与新城新藏同样的问题；王红旗将《尧典》四星理解为昏伏（偕日没）星而非昏中星，这样理解并无文献依据，所得年代与传说中的尧帝时代相距太远而不能令人接受；王胜利的文章在竺可桢的基础上更加严谨缜密，避免了竺文存在的问题，但他把观测时刻定在对应昏星用肉眼刚好可以见到的最初时刻，这并无文献依据，因为实际观测完全可能在该昏星出现一段时间以后才进行。

4. 地平方法与《尧典》星象的年代

总结中外学者研究《尧典》星象年代的方法，可分为"日在"法与"中星"法两大类。"日在"法，如早

---

[1] 王红旗：《尧典四星何时有——试论中国人在 7400 年前的天文观测活动》，《文史杂志》2002 年第 6 期。

[2] 王胜利：《〈尚书·尧典〉四仲中星观测年代考》，《晋阳学刊》2006 年第 1 期。

期研究者宋君荣、毕奥等，将《尧典》四星直接与日在位置相联系，然后利用岁差计算冬至点（或春分点）所在位置的年代。这一方法最早为唐僧一行提及"冬至昏明中星去日九十二度"（实为 91 又 5/16 度，是周天 365 又 1/4 度的四分之一，合今 90 度）[1]，据此推算尧时冬至约在"虚一度"，与《尧典》秋分中星虚宿距星密近。

另一类"中星"法，以竺可桢为代表，依赖于观测日期、对应星、观测地点、观测时刻等四项基本假设，计算昏星的古赤经与其现代赤经之差，再由岁差计算中星的天文年代。竺可桢以"昏时"为"二刻半"对《前汉书》中记载的四仲中星与日在距度进行验算，得到理想结果。

上两类方法都属于赤道系统的方法。中国文献最早明确记载赤道方法是汉武帝时的落下闳使用浑天仪。杨雄《法言·重黎》"或问浑天，曰落下闳营之"。

---

[1] 《新唐书·律历志》载僧一行《大衍历议·日度议》："古历冬至昏明中星去日九〔当为八〕十二度，春分、秋分百度，夏至百一十八度，率一气差三度，九日差一刻。"按其差率计算冬至昏中距当为"八十二度"，然按冬至点在"虚一度"计算，其昏中距只能是"九十二度"，未知孰是。

《隋书·天文志》载"虞喜云：落下闳为武帝于地中（今洛阳）转浑天，定时节，作《太初历》"。《史记·历书》"落下闳运算转历"。《索隐》引陈寿《益部耆旧传》云："（落下闳）于地中转浑天，改《颛顼历》作《太初历》。"落下闳在旧有石氏距度基础上用浑天仪重新测定二十八宿距度，被称为"石氏今度"，或者简称为"今度"，一直沿用到唐僧一行以前。落下闳以前的石氏距度被称为"古度"，见于《开元占经》引刘向《洪范传》"古度"，以及西汉汝阴侯夏侯灶墓出土的二十八宿圆盘古度[1]等。

我们认为二十八宿古度属于盖天说地平系统，如《周髀算经》记载二十八宿距度测量方法，所举例"牵牛八度"就是地平经差[2]。先秦时期盛行盖天说，用赤道方法计算《尧典》四仲中星的年代，非所宜然；应该考虑用地平方法求解的可能性。近年来，笔者在纬书

[1] 安徽省文物工作队、阜阳地区博物馆、阜阳县文化局：《阜阳双古堆西汝阴侯墓发掘简报》，《文物》1978 年第 8 期。殷涤非：《西汉汝阴侯墓出土的占盘和天文仪器》，《考古》1978 年第 5 期。王健民、刘金沂：《西汉汝阴侯墓出土圆盘上二十八宿古距度的研究》，《中国古代天文文物论集》，文物出版社，1989 年。

[2] 钱宝琮：《盖天说源流考》，《科学史集刊》（1），科学出版社，1958 年；又见《钱宝琮科学史论文选集》，科学出版社，1989 年。

《尚书·考灵耀》中找到了古六历中《殷历》关于求"昏明中距"的地平方法，略述如下。

《尚书·考灵耀》记载一份独立的四仲中星及冬夏至日所在的距度数据，其昏中距度分别为柳一度、心五度、须女四度、奎一度，与《尧典》的鸟、火、虚、昴距星明显不同，根据其冬至点位置（牵牛一度又75/96），可知其年代在战国末期（公元前260—前240年左右），据文献考证属于古六历中的殷历系统[1]。《考灵耀》中星、日所在的天文年代，与秦相吕不韦摄政时期（前249—前237年）密合，史载吕不韦得到《颛顼历》"以为秦法，更考中星、断取近距"（《大衍历议·日度议》），将《颛顼历》己巳元改为"乙卯元"（秦始皇元年为乙卯岁）[2]，从而颁行《颛顼历》。因此《考灵耀》所记很可能是"秦之遗法"。

《考灵耀》记载求"昏明中距"算法：取"昼夜三十六顷"，夏至"求昏中者，取十二顷，加三旁"；

---

[1] 武家璧：《尚书·考灵耀中的四仲中星及相关问题》，《广西民族大学学报》（自然科学版）2006年第4期。

[2] 阮元：《畴人传·吕不韦》，商务印书馆，1955年。朱文鑫：《天文考古录·中国历法源流》，商务印书馆，1933年。

冬至"求昏中者，取六顷，加三旁"；并可推知春秋分"求昏中者"必定为"取九顷，加三旁"。按昼夜360°计，每"顷"合10°，显然"十二顷""六顷""九顷"指夏至半昼120°，冬至半昼60°，春秋分半昼90°；"三旁"指昏时（傍晚），经验算在数值上等于周天百刻制中的"三刻"（10°.8）。

根据球面天文学公式实际验算表明，《考灵耀》所记半昼值等于北纬35°—36°附近地区地平圈上的半昼弧，由此推算其在时角圈上对应的半昼弧分别约为：冬至半昼20刻（72°），夏至半昼30刻（108°），春秋分半昼25刻（90°），与《隋书·天文志》的昼夜漏刻记载相符合。因此，昏时"三旁"当指地平方位百刻制（如秦汉地平式日晷）中的"三刻"，而非漏刻百刻制中的"三刻"，据球面天文学关系可算得其对应的时角值分别为：夏至"三旁"合百刻漏刻中的5.01刻（18°.04），冬至"三旁"合4.71刻（16°.96），春秋分"三旁"合5.11刻（18°.4）。

《考灵耀》用"三旁"作为傍晚的"昏时"，可能是用平面关系处理球面问题的结果，中国古代没有球面几何的概念。如果把较小的局部球面近似地看作平面，那么太阳转过相同的地平方位，对应于升降相同的地平高度，计算表明《考灵耀》所记二分二至的"三旁"，对应于太阳落入地平线以下12°—15°，夜空中肉眼能见的恒星大部分出现，相当于现代天文学中的天文曚影（日入地下12°—18°）时分。

兹将按《考灵耀》二分二至"昏明中距"算法得到的地平经差换算为赤经差，参考王胜利文中的距星对应星及其岁差年变项，计算《尧典》四仲中星年代如下表。

表9 《尧典》星象年代的地平方法计算表

四仲	半昼		三旁		昏星对应星	昏中赤经(1)	2000年赤经(2)	差值((2)-(1))	年变	距今年数	公元前
	地平	时角	地平	时角							
春分	90°	90°	10°.8	18°.4	星宿一	108°.4	141°.9	33°.5	44″.24	2727	727
夏至	120°	108°	10°.8	18°.04	心宿二	216°.04	247°.35	31°.31	55″.31	2038	38
秋分	90°	90°	10°.8	18°.4	虚宿一	288°.4	322°.9	34°.5	47″.33	2625	625
冬至	60°	72°	10°.8	16°.96	昴宿一	358°.96	58°.97	60°.01	53″.6	4031	2031

运用地平数据进行计算，避免了对"昏时"进行估计，得到"日短星昴"的年代距今（公元2000年）4031年，与陶寺文化中期的碳14年代（距今4100±100年）符合得很好。王胜利先生用赤道方法得到的"星昴"年代（冬至"昴宿一"昏中距今3961年，"昴宿六"昏中距今4118年），也与地平方法的计算结果不相上下。

然而无论采用赤道方法还是地平方法，都存在"日短星昴"与其他三星年代不统一的问题（表5、8、9），并且只有"星昴"年代符合尧帝纪年范围。笔者的解释是：只有"日短星昴"才是尧帝时代实际观测到的天象，观测方法如《殷历》所记：在冬至日傍晚，估计太阳方位正南偏西过"六顷加三旁"（约南偏西70°.8）时，观测南中，昴星正好当顶。其他昏中星是以"昴宿一"为基点，用勾距分划出来的，它们与"昴宿一"的距离为：星鸟90°，星火180°，星虚270°。兹以星昴为基点，以相邻分至中星间隔90°为原则，复原尧时四仲中星的赤经位置为：星鸟88°.96，星火178°.96，星虚268°.96，星昴358°.96，然后以岁差计算，得到它们的历史年代基本统一（表10）。

表 10 《尧典》昏星赤经的复原及其年代表

《尧典》昏星	复原赤经（间隔90°）	2000年赤经	赤经差值	年变	距今年数	公元前
星宿一	88°.96	141°.9	52°.94	44″.24	4308	2308
心宿二	178°.96	247°.35	68°.39	55″.31	4452	2452
虚宿一	268°.96	322°.9	53°.94	47″.33	4103	2103
昴宿一	358°.96	58°.97	60°.01	53″.6	4031	2031
				平均	4223.5	2223.5

依上表,《尧典》昏星赤经复原以后的平均年代距今 4200 多年, 落在陶寺观象台的碳 14 年代（距今 4100 ± 100 年）范围之内。

采用地平方法得到这样的结果并非偶然巧合, 而是《尧典》星象真实情况的反映。地平方法中根据冬至点分划其他三星的做法, 与赤道方法中利用昏星作为分至点计算年代的方法（如宋君荣、毕奥等）, 在一定程度上是等效的。因此我们利用地平方法求解《尧典》四仲中星的天文年代距今 4200 多年, 不仅符合"尧都"城址陶寺文化中期的考古学碳 14 年代, 并且与一些中外学者利用赤道方法计算《尧典》星象年代的结论基本一致。

（原载于荆州博物馆编《荆州博物馆建馆五十周年纪念论文集》，文物出版社，2008年，第101—112页）

陶寺观象台与考古天文学

【摘要】 20世纪初对英国史前遗迹"巨石阵"的研究是"考古天文学"产生的标志。国外考古天文学已有长足发展，国内考古天文学方兴未艾。近年来在山西襄汾县陶寺发现了距今约 4100 多年的观象台遗迹，它把天然背景与人工建筑相结合，构成一个巨大的天文照准系统，通过观测日出方位确定季节，制定历法。陶寺城址在时代、地域上与传说中的尧都相合，观象台遗迹与《尧典》中保存的上古天文历法成就相符。陶寺观象台的发现对科学史研究具有重要意义，被认为是中国考古天文学的真正开端。

【关键词】 陶寺 观象台 巨石阵 考古天文学

近年来，考古工作者在山西省襄汾县陶寺镇的新石器时代陶寺文化中期城址中，发现距今约4100多年的观象台遗迹[1]，在靠古城墙的半圆形夯土台基上，呈圆弧状排列的夯土柱构成十多道狭窄的观测缝，人们站在观测点，在冬至和夏至日，可从狭缝中看到冬至太阳从崇山（塔儿山）升起，其他观测缝分别对应于不同的时节。它的功能包括观测日出方位确定季节，以制定历法，即所谓"观象授时"。这一考古发现立即引起国内外学术界的广泛关注，英国 *Nature* 杂志 2005年11月10日第438期、德国天文学杂志 *Astronomie Heute* 2006年1—2月号报道了陶寺观象台考古发现的消息。在2005年10月中国社会科学院考古研究所举行的"陶寺城址大型特殊建筑功能及科学意义论证会"[2]上，中国科学院院士、夏商周断代工程首席科学

[1] 中国社会科学院考古研究所山西工作队、山西省考古研究所、临汾市文物局：《山西襄汾县陶寺城址发现陶寺文化大型建筑基址》，《考古》2004年第2期。中国社会科学院考古研究所山西工作队、山西省考古研究所、临汾市文物局：《山西襄汾县陶寺城址祭祀区大型建筑基址2003年发掘简报》，《考古》2004年第7期。中国社会科学院考古研究所山西工作队、山西省考古研究所、临汾市文物局：《山西襄汾县陶寺中期城址大型建筑ⅡFJT1基址2004—2005年发掘简报》，《考古》2007年第4期。

[2] 江晓原、陈晓中、伊世同等：《山西襄汾陶寺城址天文观测遗迹功能讨论》，《考古》2006年第11期。

家、著名科学史学家席泽宗先生称该遗迹的天文观测功能可以肯定，并称陶寺观象台的建造是中国天文学史的真正开端；陶寺天文观测遗迹的发现是中国考古天文学的真正开端。与会的科学史专家纷纷引述《尚书·尧典》等相关文献记载，印证陶寺古观象台的发现。

著名天文学家王绶琯院士在《陶寺古观象台遗迹研究项目》推荐信中针对这一重大发现指出："中国有着5000年光辉灿烂的文明史，中国天文学在近代以前一直处于世界领先地位。但由于文献记载的缺失，我们对于商周以前上古天文学的发达水平知之甚少，考古发掘弥补了这一缺憾。"陶寺古观象台的重大发现在中国科学史、乃至世界科学史上的重要意义不言而喻。在此就陶寺观象台与考古天文学的关系及相关问题试作探讨，藉以推动对这一重大发现的深入研究。

一

"考古天文学"（Archaeoastronomy）产生于20世纪初，缘起于对英国史前遗迹"巨石阵"（Stonehenge）的天文学研究。巨石阵是由石头构成的圆圈形建筑物遗迹，位于英国伦敦西南索尔兹伯里平原上[1]，建成于公元前 2000—前 1600 年。它由呈圆环状有规律地排列的巨石构成，竖立巨石的顶部架有扁平放置的石横梁。现存"巨石阵"尚保存有三块架有横梁的巨石，被称为"三石塔"，站在巨石阵中心，向"三石塔"中缝看去，恰好能看见位于"巨石阵"中心轴信道上的踵形石。夏至日出时，太阳即从踵石尖顶上升起，冬至日落时，太阳则从"三石塔"中缝落下。这种情况表明"巨石阵"是通过精心设计建造的，它是用来进行某种天文观测的巨大照准工具，因而自身包含有若干天文准线。

20 世纪开初，英国著名天文学家、《自然》杂志主编、南肯兴顿天文台台长约瑟夫·诺曼·洛克耶勋爵（J. Norman Lockyer，1836—1920），对巨石阵的轴线与仲夏日出第一道阳光构成天文准线的年代，依岁差理论进行追溯性计算，得到其建造年代距今约 3600 年。这一成果在 1901 年《自然》杂志发表，引起科学界的轰动，被认为是"考古天文学"（Archaeoastronomy）

[1] 由石头构成的圆圈形建筑物遗迹，在英国有不少，但 Stonehenge（巨石阵）专指伦敦西南 120 多公里索利兹伯里（Salisbury）平原上的这一个，其他的只能称为 Stone Circles（石圈）。

诞生的标志，洛克耶因之被称为"考古天文学之父"。此后《自然》杂志发表了多篇关于巨石阵的研究文章[1]。

　　以英国"巨石阵"为代表，在英、法、德、西班牙、意大利等西欧国家广泛分布着以巨石为材料的环形史前建筑遗迹，是所谓"巨石文化"[2]的重要组成部分。这些环形建筑一般残存于地表之上，与考古学地层脱离关系，很难判断它们属于哪个民族或者哪个考古学文化。倒是美洲印第安人的史前建筑具有明确的考古学文化属性，但却没有明确的考古学地层关系。

　　墨西哥尤卡坦（Yucatan）半岛上的奇钦伊察（Chichen Itza）古城是玛雅文明的一个中心，始建于公元435年。在奇钦伊察的城中心是一座巨大的阶

---

[1] Lockyer, Joseph. An attempt to ascertain the date of the original construction of Stonehenge from its orientation〔J〕. Nature. 1901, 65（1673）; Robinson, J H. Sunrise and moonrise at Stonehenge〔J〕. Nature. 1970, 225（1236—1237）; Hawkins GS. Stonehenge Decoded〔J〕. Nature. 1963, 200（306—308）; Kellaway, G A. Glaciation and the stones of Stonehenge〔J〕. Nature. 1971,233（30—35）; Pitts, M W. Stones, pits and Stonehenge〔J〕. Nature. 1981, 290（46—47）.

[2] 〔德〕埃利希·冯·丹尼肯：《追寻巨石文化之谜》，陈锋译，中国青年出版社，2000年。

梯式金字塔，金字塔旁边有一座圆形天文台卡拉可尔（Caracol），译为"螺旋塔"。奇钦伊察观象台体现了玛雅人高超的几何和天文知识[1]。它有一个两层的正方形平台，平台上是一圆筒形建筑物。平台的梯级面向西方，刚好是夏至日落的方向，也是金星下沉于最北边的回归方向。另外，其中一个对角方向指向夏至日出和冬至日落的方向。圆筒形建筑内有螺旋形楼梯（Caracol 即锅牛壳的意思），通往建筑的顶部，设有几个管形的窗户，可以从楼梯往外看，目前只剩下西南方的三个窗户。早在 20 世纪 20 年代，美国考古学家 Oliver Ricketson 就认为它们与天文观测有关，指出从窗户对角来看可以得到很精准的方向。用这个方法的确可以得到一些重要的天文方向，例如从最北的窗口，可以得到金星下沉最北的方向和春秋分日落的方向，其他两个窗口也可以看到金星下沉最南的方向、磁南方（Magnetic South）和在波江座（Eridanus）的水委一

---

[1] 华季：《玛雅文化古迹——奇钦·伊扎参观记》，《地理知识》1978 年第 4 期。陈培康：《奇异的玛雅天文台》，《知识就是力量》1984 年第 8 期。潘玮：《金星和玛雅文化》，《天文爱好者》1986 年第 6 期。资民筠：《玛雅天文及其它古天文文化》，《天文爱好者》1996 年第 4 期。

星（Achernar）下沉的方向。在一些重要的天文日子，玛雅人可能举行祭神的仪式，从而使他们的天文观测添上一份神秘色彩。

在巨石阵研究的示范作用下，人们对欧洲、北非、南美等地的史前和古代天文学遗迹进行了深入研究，使得考古天文学获得长足的发展，美国马里兰大学设立了考古天文学中心，出版专门刊物《考古天文学》。西方考古天文学的发展，从以下几例可以略见其概。

据研究，埃及尼罗河两岸吉萨高原上耸立的金字塔与天文学密切相关[1]，其中最大的金字塔——胡夫金字塔建造于元前 2600 年左右，是古埃及第四王朝法老胡夫（Khufu）的坟墓。它的方位非常精准，四面正对东南西北，其误差仅两三弧分而已，另外大金字塔底部正方形的边长有 200 多公尺，但误差却不到 20 公分，可见当时埃及人无论是在天文测量还是在土木测量方面，都达到很高的水准。在金字塔中心的国王寝室中，有两条被认为是通风孔的信道直通金字塔外。早在 1964 年，埃及学家亚历山大·拜德威（Alexander

[1] 〔美〕罗伯特·包维尔、〔美〕埃德里安·吉尔伯特:《猎户座之谜》，冯丁妮译，海南出版社，2000 年，第 101—130 页。

Badaway）、天文学家弗吉尼亚·特林布尔（Virginia Trimble）就认为这两条一南一北又朝上方的信道跟天文有关。经过计算他们发现向北的信道指向当时的天龙座 α 星（Thuban）在天空最高的位置。在大金字塔建造时期，即约4600年前，天龙座 α 星刚好在北极点上，即现在北极星的位置。向南的信道指向猎户座腰带的猎户 ζ 星（Alnikak）。大金字塔与其紧密相邻的另两座金字塔相连，正好对应于猎户座的腰带三星，与此同时天上银河的位置刚好对应埃及的尼罗河。

地中海西部西班牙的米诺卡小岛上分布着一些神秘的古石碑阵[1]，其中呈直立"T"字形的石碑由两块巨大而厚重（有的有两三人高）的石块搭建而成：一块竖立，一块平放在其上；石碑周围是圆形或长方形的较矮石墙，石墙有一个缺口，中间的石碑正对着这个缺口，所以每个石碑阵都呈现出一定的方向性。岛上30个这样的石碑阵除一个外，其余29个都大致面朝南方。各个石碑阵彼此相隔2到5米。人们在石碑阵附

---

[1] 〔英〕米歇尔·霍金斯：《剑桥插图天文学史》，江晓原、关增建、钮卫星译，山东画报出版社，2003年，第5页。

近发现了大量被胡乱丢弃的、作为牺牲品的动物残骸。石碑阵附近还有一些耐人寻味的青铜雕像残片，其中包括一个马蹄雕像以及一个埃及式公牛雕像。公牛雕像上还附有一段象形文字的碑铭："我是艾姆霍特普，我乃是医药之神。"在古希腊神话中，一个半人半马（人头马身）的怪物把医药知识教给阿波罗的儿子阿斯克勒庇俄斯，后者成了医药之神。英国剑桥大学的考古天文学家米歇尔·霍斯金（Michael Hoskin）对这些石碑阵进行了研究，他把研究重点放在石碑阵的方位上，由此找到了突破口。公元前1000年，在那些石碑阵被建造的年代，夜空看上去和今天的夜空略有区别：人马座（古希腊人命名了这个星座）正好周期性地出现在石碑阵正南入口处方向的天际；今天我们站在同一地点，看到这个方向的夜空中出现的却是南十字座，此外还有属于人马座的两颗明星。霍斯金宣称，这些石碑阵极有可能是当地古人进行医疗活动的地点标志。美国西弗吉尼亚大学的天文学史学家史蒂夫·麦克拉斯基（Steve McCluskey）认为，霍斯金的研究成果不仅令人信服地解释了米诺卡现象，并且从根本上改造了考古天文学的研究方式。考古天文学自巨石阵研究开始一直把"方位的高度精确"当作研究启动标准，米诺卡石碑阵的建造者仅仅做到了方位的粗略准确，很明显达不到这一标准，但这并不妨碍霍斯金剥落历史尘埃，还原历史真相。

二

我国的天文考古工作起步较晚。虽然对钦天监和观象台上的古天文仪器以及民间流传的天文文物如日晷、漏壶等的研究，在清代甚至更早就已经有了，但由于没有天文考古的田野实践以及现代天文学手段和方法的应用，因而不能归入"考古天文学"的范畴。1933年朱文鑫发表《天文考古录》，虽然采用了"天文考古"之名，而且充分运用了现代天文学的手段和方法，但其研究的主要对象还是天文历法方面的文献记载，不能算作真正意义上的"考古天文学"。1935—1936年董作宾等联合考察登封阳城周公测景台，1937年董作宾等著《周公测景台调查报告》发表，这一工作才是真正意义上的"考古天文学"田野工作。

1939 年高平子发表《圭表测景论》[1]，用数理天文学方法对圭表测景术进行研究，可与董作宾的田野调查报告合成完璧。1945 年董作宾发表《殷历谱》，利用出土甲骨文材料研究商代历法，为后来对出土历法材料和历谱的研究开拓新路，现在出土秦汉简牍历谱、敦煌历谱的研究已成为中国"考古天文学"的一个重要内容。新中国成立以后，随着经济建设和文物考古工作的发展以及对外文化交流工作的展开，一些重要的天文遗迹、天文文物、出土天文历法文献被发现和证认，如汉魏洛阳灵台遗址、长沙马王堆汉墓帛书彗星图及《五星占》、仪征汉墓铜圭表、阜阳西汉汝阴侯夏侯灶墓二十八宿圆盘、敦煌星图、杭州吴越墓星图、临沂银雀山汉墓元光元年历谱等等，已有历史学、考古学、天文学史等方面的专家学者对这些天文遗迹、遗物作了深入研究，1980 年文物出版社集结这些重要发现出版《中国古代天文文物图集》，1989 年又出版其姊妹篇《中国古代天文文物论集》，对这一阶段中国

---

[1] 董作宾、刘敦桢、高平子：《周测景台调查报告》，商务印书馆，1939 年，第 105—125 页。高平子：《圭表测景论》，《高平子天文历学论著选·学历散论》，（台北）中央研究院数学研究所，1987 年，第 209—222 页。

"考古天文学"的成绩作出总结。

世纪之交出现两本以"天文考古"命名的学术专著，即冯时著《中国天文考古学》，陆思贤、李迪著《天文考古通论》，这两本由考古学者或主要由考古学者撰写的"天文考古"专著很明显地带有文献考据的倾向，而较少考虑数理天文学理论和方法的运用；其所讨论的史前遗迹如濮阳西水坡蚌塑龙虎墓葬、辽宁牛河梁红山文化祭坛等都没有明确的、可以精确测量的天文准线，从而无法与英国的巨石阵相媲美。近来山西陶寺尧都遗址的考古发现，使这一现状得到根本改观。

席泽宗院士认为我们不应将陶寺天文观测遗迹与英国巨石阵相比，因为这样比较存在两个问题：其一是让英国人觉得我们有意在与他们争第一、争最早；其二，更关键的是英国巨石阵是不是天文遗址？肯定与否定者都大有人在。最近就有人提出巨石阵是个养马场。有人认为它不是一次建成的，不全是公元前2000年建的，在后来几百年中又加了许多石头。说是养马场也不无道理。因此巨石阵究竟是不是天文遗迹还成问题。而将陶寺的这个遗迹与英国巨石阵媲美，实际是贬低了我们自己的发现。我们不必找参照物，就说我们发现了公元前 2000 年前的一个天文观测遗迹，而且是有文献可以印证的。《史记·五帝本纪》里有尧的记载，而"尧都平阳"的说法可以和陶寺遗址联系起来。《尚书·尧典》中的天文学知识又十分丰富。陶寺作为尧都，建造观象设施一点不奇怪。席先生还认为，从建筑的角度看，巨石阵的石头布局是很乱的，现在研究者采用的方法随意性很大。倒是美洲印第安人的"医轮"（medical wheel，一种在平地上用小石块砌成两重圆形堆积物），外面还有六个石堆，与陶寺的遗迹有点相似。美国天文学家 A.Eddy（曾任国际天文学联合会天文史委员会主席）认为，此轮有天文意义，既能看太阳出没方向，也能看月亮的运行，但其年代约为公元 1400—1700 年，时代很晚，而且没有明确的观测点。而我们陶寺这个遗迹接近圆心有个观测点，这比国外相关遗迹没有观测点要强得多，是能够站得住脚的。以往我们的天文考古研究主要是研究与天文有关的出土文物，缺乏西方那样对史前天文遗址的研究。陶寺天文观测遗迹的发现，是中国考古天文学的真正开端[1]。

三

陶寺观象台遗迹与西方类似的史前遗迹相比，不仅有明确的考古学文化属性即属于新石器时代陶寺文化，而且还有明确的考古学地层关系。观象台遗迹北依陶寺文化中期大城南垣，与中期大城融合为一体，并为陶寺文化晚期的灰坑所打破，因此观象台遗迹属于陶寺文化中期无疑。这就使得陶寺天文观测遗迹有明确的考古学碳14年代，根据自20世纪70年代末以来公布的陶寺文化碳14测年数据[2]，陶寺观象台遗迹的绝对年代为距今4100±100年。这是迄今为止世界上其他类似遗迹所没有的。

结合有关文献记载，考古学及历史学界一般认为陶寺城址可能就是传说中五帝时代尧帝的都城。早

---

[1] 江晓原等：《山西襄汾陶寺城址天文观测遗迹功能讨论》，《考古》2006年第11期。

[2] 高天麟、张岱海、高炜：《龙山文化陶寺类型的年代与分期》，《史前研究》1984年第3期。中国社会科学院考古研究所实验室：《放射性碳素测定年代报告》（10），《考古》1983年第7期。

在 1987 年，著名考古学家苏秉琦先生发表《华人·龙的传人·中国人》[1]一文指出襄汾陶寺遗址是"帝王所都"，晋南是陶寺文化时期（舜）的"中国"，与夏商周时期的"中国"、秦统一的"中国"形成中国国家起源与发展阶段三部曲即"古国——方国——帝国"的历史进程。1999 年在《中国文明起源新探》一书中，苏秉琦先生称陶寺文化遗存是帝尧及其陶唐氏部族点燃的"最早、也是最光亮的文明火花"[2]。与苏秉琦先生同时，1987 年王文清先生提出"陶寺遗址、墓地的文化遗物，在地望、年代、器物、葬法和赤龙图腾崇拜迹象等方面，基本上与帝尧陶唐氏的史迹相吻合，很可能是陶唐氏文化遗存"[3]。此后王克林、黄石林、卫斯等先生先后撰文论述陶寺遗址即尧都所在[4]。

[1] 苏秉琦：《华人·龙的传人·中国人——考古寻根记》，《中国建设》1987 年第 9 期。

[2] 苏秉琦：《中国文明起源新探》，三联书店，1999 年。

[3] 王文清：《陶寺遗存可能是陶唐氏文化遗存》，《华夏文明》（第一辑），北京大学出版社，1987 年。

[4] 王克林：《陶寺文化与唐尧、虞舜——论华夏文明的起源（下）》，《文物世界》2001 年第 2 期。黄石林：《陶寺遗址乃尧至禹都论》，《文物世界》2001 年第 6 期。卫斯：《"陶寺遗址"与"尧都平阳"的考古学观察》，解希恭主编《襄汾陶寺遗址研究》，科学出版社，2007 年。

这使人们自然联想到《尚书·尧典》的相关记载。著名天文学史家江晓原教授指出，《尚书·尧典》记载尧的为政共 225 字，关于"天学事务"的竟有 172 字，占 76%，"一篇《尧典》，给人的印象似乎是：帝尧的政绩，最主要、最突出的就是他安排天学事务"[1]。那么，《尧典》是什么时代的作品？《尧典》向我们提供了怎样的天文历法知识背景？这是论证陶寺天文观测遗迹具有观象授时功能所必须要解决的重要问题。

关于《尧典》的成书年代历来众说纷纭，莫衷一是。唐孔颖达注《尚书》谓其出自虞史之手；明末顾炎武谓《尧典》即夏书，作于夏（《日知录》卷 1）；清魏源以为系周史官所修（《书古微》卷 1）；康有为力主孔子取法尧舜而作《尧典》（《孔子改制考》卷 12）等等。20 世纪二三十年代，中国学术界出现以钱玄同、顾颉刚等学者为代表的疑古风潮，钱玄同断定《尧典》必为晚周人所伪造（《读书杂志》第 1 期）；顾颉刚系统地提出"层累地造成的中国古史"观，始而说《尧典》《皋陶谟》和《禹贡》等为战国秦汉间作品，后来又专

---

[1] 江晓原：《天学真原》，辽宁教育出版社，1991 年，第 37 页。

门论证《尧典》出于汉武帝中年以后[1]。郭沫若把它的作者具体地定为子思[2]。由于《尧典》的文句出现于《左传》中,《孟子·万章》篇中有大段的引文与传世本《尧典》略同,说明至少在战国以前,已有了流传较广的《尧典》定本。陈梦家在《殷墟卜辞综述》中综合诸家意见指出,《尧典》虽经后世整理增益,而变得严整完密,但其中保存的上古史料仍旧很多。因此我们认为,《尧典》的文本虽经后人整理,却保留了许多上古天文学的成就。《尚书·尧典》载:

(尧)乃命羲和,钦若昊天,历象日月星辰,敬授民时。

分命羲仲,宅嵎夷,曰旸谷。寅宾出日,平秩东作。日中星鸟,以殷仲春。厥民析,鸟兽孳尾。

申命羲叔,宅南交。平秩南讹,敬致。日永星火,以正仲夏。厥民因,鸟兽希革。

---

[1] 顾颉刚:《论今文尚书著作时代书》,《古史辩》(第一册),上海古籍出版社,1982年。顾颉刚:《从地理上论今本〈尧典〉为汉人作》,《禹贡》1943年第2卷第5期(总17期)。顾颉刚:《〈尧典〉著作时代考》,《文史》1985年第24辑。

[2] 郭沫若:《青铜时代》,科学出版社,1957年。

分命和仲，宅西，曰昧谷。寅饯纳日，平秩
西成。宵中星虚，以殷仲秋。厥民夷，鸟兽毛毵。

申命和叔，宅朔方，曰幽都。平在朔易。日
短星昴，以正仲冬。厥民隩，鸟兽鹬毛……

期三百有六旬有六日，以闰月定四时成岁。

此段文字所反映的天文历法成就，表现在如下
方面：

（1）分命四臣，到东、南、西、北四方边远地区
进行实地天文观测，在观测地点建立"宅"，也就是建
立观象台或天文观测站。

（2）测量大地方位。在"寅宾出日""寅饯纳日"
等活动中通过"平秩"方法得到"东作""西成"方向，
即在日出与日入方位正好相接成一条水平直线时，确
定正东、正西方向。在"南交"，立竿观测一日之内日出、
日入之时竿影朝东南、西南指向的夹角，取其角平分
线指向作为正南方向，故称"平秩南讹"。在"朔方"，
立竿观测一日之内日出、日入之时竿影朝东北、西北
指向的夹角，取其角平分线指向作为正北方向，故称
"平在朔易"。

（3）观测日出入方位定节气。日出正东、日入正西方向的日期就是春秋分。通过踏勘和选址，得到春分日出在"旸谷"方位，秋分日落在"昧谷"方位，在此日举行"出日""纳日"等迎日、送日典礼。日出入到达最南方向之日就是冬至，到达最北方向时就是夏至，在此日期举行"敬致"之类的祭日活动。得到这样的结果，需要固定观测点和地面标志物，用天然背景或人工标志物均可。《尧典》载"旸谷""昧谷"等可能指以自然山谷为背景标志日出入方位，但不排除同时修造人工建筑——"宅"，将标志性的方位固定下来。

（4）观测昼夜长短。观测"日中""宵中"即昼夜长短相等的日期是春秋分，"日永""日短"即白昼最长及最短的日期是夏至、冬至。得到这样的结果需要有记时工具或仪器。

（5）观测昏星。规定分至节气的黄昏终止时刻，在此时刻测得位于正南中天位置上的恒星分别是鸟、火、虚、昴。得到这样的结果需要两个条件：一是测量正南北方向，可通过观测日出入方位、正午日影最短时的方位，以及北极星的方位来解决；另一个条件是确定黄昏终止时刻，须有记时工具及相应规则方能完成。

（6）对居民聚散及鸟兽交尾、换毛等现象的季节性规律进行记录。这类似于《吕氏春秋·十二纪》《礼记·月令》等记录的"物候历"。

（7）"历象日月星辰。"这里的"星"是指的昏星或者昏中星，"辰"是指的日月合朔位置。"日在"及"合辰"位置除日食以外，人眼不能直接看到，历法上一般通过昏星距度推算日在宿度。在"日月星辰"四者中，月在和昏星可以直接观测；只有知道了昏星，才能推知日在；只有知道了月在和日在，才能推知辰在。"日月星辰"是一个由观测到推步形成的天象系统，其中对昏星或者昏中星的观测是不可或缺的。

（8）"期三百有六旬有六日"，表明已测得一回归年的长度（虚日数）。这是编制太阳历或者阴阳历的基本数据。测量日出入方位，很容易得到这一数据，即太阳先后两次到达冬至（或夏至）日出方位的时间间隔，就是一个回归年。

（9）"以闰月定四时成岁"，表明已制定出阴阳历。单纯的阴历或者阳历不需要闰月，只有阴阳合历才需要设置闰月。"四时"是太阳历的内容，由于太阳周期相对于月亮周期不能简单地整除，一阳历年并不正好等于整数阴历月，"四时"节气在阴历月中就不能固定下来。为了使"四时"相对地稳定下来，需要将阳历年与阴历月不能整除的余数凑合起来，在适当位置设置闰月，以调和阴阳历。这样就使得四时节气与阴历月份相对稳定地对应起来，叫做"定四时"。

（10）"正时"，如果闰月设置不当，或者历法出现误差，那么已经测得的四仲中星就会与历法安排的节气不符，可通过中星来校正历法与节气。当时人们至少已经掌握日出入方位、昼夜长短、四仲中星等三种授时方法，互相校正，以确保历法节气符合真正的自然节气。而《尧典》特别强调采用中星来"殷正四仲"，这说明必定已有记时工具或仪器，否则不可能利用中星来正时。

以上分析表明，《尧典》记载在大地测量、天文观测、计时及制定历法等方面都取得了很高的成就。那么这些是否是尧帝时代的成就呢？根据殷墟甲骨文的记载，至少在以下方面，《尧典》与卜辞记载相符合：

（1）四风：甲骨文记载四方风名"东方曰析，南方曰因，西方曰彝，北方曰伏"，与《尧典》所载四仲之际厥民"析""因""夷""隩"等相符，此外《尧典》中提到的"出日""入日""河宗""岳宗"等在甲骨文中也有印证[1]。

（2）出入日：胡厚宣和陈梦家先生都曾指出，廪辛、康丁时卜辞有祭出入日者，应与《尧典》之"寅宾出日""寅饯纳日"相合[2]，郭沫若先生在《殷契粹编序》中说："日之出入有祭，足证《尧典》寅宾出日及寅饯入日之为殷礼。"[3]笔者还在近年新公布的殷墟《花园庄东地甲骨》中找到了一片（编号：花东290片）关于冬至日出的观象记录[4]。

（3）昏星：胡厚宣和陈梦家先生都曾指出：武丁时卜辞中之"鸟星"，即《尧典》之"日中星鸟"。卜辞

---

[1] 胡厚宣：《甲骨文四方风名考证》，《甲骨学商史论丛初集》，河北教育出版社，2002年。胡厚宣：《释殷代求年于四方和四方风的祭祀》，《复旦学报》（人文科学版）1956年第1期。李学勤：《商代的四风与四时》，《中州学刊》1985年第5期。

[2] 陈梦家：《殷墟卜辞综述》，中华书局，1988年。

[3] 郭沫若：《殷契粹编序》，《郭沫若全集·考古编·殷契粹编》（第三卷），科学出版社，2002年。

[4] 中国社会科学院考古研究所：《花园庄东地甲骨（六）》，云南人民出版社，2003年，第1681页。武家璧：《花园庄东地甲骨文中的冬至日出观象记录》，《古代文明研究通讯》2005年第25期。

还有商星的记载作"鸟商星，三月"，表示星名的字由"鸟"和"商"两部合体组成；另有大火星的记载作"佳（唯）火，五月"[1]。《说文解字》"参，商星也"，《夏小正》载"三月，参则伏"，"五月，参则见，初昏大火中"，即卜辞记载的昏星、月份与《夏小正》相合。

（4）期年：唐兰先生认为《尧典》"期三百有六旬有六日"一语与殷武丁卜辞中的纪日法相同[2]。董作宾先生认为卜辞中有一日期最大数"五百四旬七日"为一年半，一周年合于四分历的 365.25 日，若以整数日而言正好为 366 日，董先生据此数据作《殷历谱》[3]。

以上若干事实表明《尧典》确实保存了商代以前的天文历法成就。有了《尚书·尧典》提供的上古天文历法知识背景，在陶寺尧都城址发现大型天文观测遗迹，就不是偶然现象，而是当时发达的天文历法水

---

[1] 温少峰、袁庭栋：《殷墟卜辞研究——科学技术篇》，四川省社会科学院出版社，1983 年，第 47、55 页。

[2] 胡厚宣：《甲骨之四风名考证》，《甲骨学商史论丛初集》（第二册），齐鲁大学国学研究所，1944 年。

[3] 董作宾：《"稘三百有六旬有六日"新考》，《中国文化研究所集刊》1941 年第 1 期第 98—104 页。董作宾：《殷历谱》，《中央研究院历史语言研究所专刊》，1945 年。罗琨：《"五百四旬七日"试析》，《夏商周文明研究》，中国文联出版社，1999 年。

平的必然体现。

四

陶寺观象台与类似遗迹的又一显著区别在于它的自然山峰背景。其他类似遗迹如英国"巨石阵"，只是一个人工遗迹，陶寺天文遗迹则以自然山峰做衬托，人工建筑与天然背景相融合，天人合一，构成一个巨大的天文照准系统，用来观测日出方位以制定历法。一些原始部落长期保持根据日出山峰来判断季节的风俗，但一般没有明确固定的观测点，如美洲土著霍比（Hopi）人观测日出山头来确定举行冬至典礼的日期[1]，就是一个例证。

陶寺观象台的背景山叫做"崇山"。《读史方舆纪要》载"崇山在（襄陵）县东南40里，一名卧龙山，顶有塔，俗名大尖山，南接曲沃、翼城县，北接临汾、

---

[1] 〔英〕米歇尔·霍金斯：《剑桥插图天文学史》，江晓原、关增建、钮卫星译，山东画报出版社，2003年，第16、17页。

浮山县";《大明一统志》指"塔儿山"为"崇山"[1]。《山海经·海外南经》载"狄山，帝尧葬于阳，帝喾葬于阴";《帝王世纪》引《山海经》作"尧葬狄山之阳，一名崇山";《论衡·书虚篇》"尧帝葬于冀州，或言葬于崇山"。文献记载夏禹的父亲鲧就封在崇山，称为"崇伯鲧"（《国语·周语》），因治河无方被尧帝诛杀，尧帝同时启用其子禹治水，嗣封称为"崇禹"（见《逸周书·世俘解》）。《国语·周语上》及《郑语》载"昔夏之兴也，融降于崇山"。有学者认为上述尧舜时期鲧禹的封地"崇"就在今陶寺东南的崇山。《史记·夏本纪》刘起釪注译："鲧居地在崇（山西襄汾、翼城、曲沃之间的崇山），称崇伯。"[2] 陈昌远先生认为："古崇国应在今山西南部襄汾崇山，即夏族兴起地。"[3] 何光岳先生认为，崇人约在唐虞以前随夏部落联盟越过岷山顺渭水东下，迁至今山西省襄汾县一带，处于帝尧部

---

[1] 〔明〕顾祖禹著，贺次君、施和金点校：《读史方舆纪要》卷四一"山西三·平阳府"，中华书局，2005年。〔明〕李贤、彭时等：《大明一统志》卷二〇"平阳府·山川"，三秦出版社，1990年。

[2] 王利器：《史记注译·夏本纪》，三秦出版社，1988年。

[3] 陈昌远：《"虫伯"与文王伐崇地望研究——兼论夏族起于晋南》，《河南大学学报》1992年第1期。

落联盟的中心地区。今塔儿山古名崇山，因崇人迁居而得名[1]。杨国勇先生也主张襄汾崇山与崇伯鲧及夏族兴起有关[2]。

目前尽管没有发现出土文字证明尧就葬在陶寺崇山那里，然而近年来陶寺遗址的考古工作，从城墙、宫殿、大贵族墓葬、观象与祭祀建筑、大型仓储等王都要素方面取得重大进展，不仅揭示出中国史前最大的城址，而且展示出一个新石器时代都邑聚落要素最全的标本，在证明陶寺城址为"尧都"方面提供了坚实的考古学证据。十分巧合的是，这里又有传说中的"崇山"，故老相传的"尧都平阳"也在附近一带。这些相关的文献记载与历史传说，也是世界其他类似遗迹所没有的。此外陶寺天文观测遗迹有明确的观测点，这也是欧洲其他地区类似遗迹所没有的。

由此可以看出，中国考古天文学的一个显著特征就是，必须将古代天文遗迹遗物与出土文献、传世典籍以及历史传说等结合起来，运用科学史以及数理天文学方法进行分析研究，以求得地下、地上和天象等

[1] 何光岳：《炎黄源流史》，江西教育出版社，1992年，第825页。

[2] 杨国勇：《山西上古史新探》，中国社会科学出版社，2002年，第71页。

三方面的证据互相吻合，才能得出符合实际的科学结论。根据上文所述陶寺观象台遗迹所独具的内涵特征，我们认为陶寺天文观测遗迹所具有的科学价值是巨大的，其在中国古代文明史以及世界科学发展史研究中的意义是重大而深远的。陶寺观象台的发现揭开了我国考古天文学研究的新篇章。

综上所述，国外考古天文学已有长足发展，国内考古天文学方兴未艾。我国有着五千年悠久的文明史，文明的起源可以追溯到更为古老的新石器时代农业文化，天文学的发达是中国古代文明的显著特征，它始终伴随中国古代文明的起源和发展而不断创造出新的奇迹，从而为我们留下了丰富的古代天文学遗存。中国的考古天文学理应跻身于世界考古天文学之林。中国考古天文学研究的现状，并不与中国古代文明的发达水平相适应，中国考古天文学的研究任重而道远，前景诱人，未来必将大放光芒。

（原载于《科学技术与辩证法》2008 年第 5 期，第 90—96 页）

陶寺观象台与"晋"之关系

　　山西襄汾陶寺新石器时代城址发现约4100年前（相当于尧舜时期）的古观象台遗迹，在靠城墙的半圆形夯土台基上，呈圆弧状排列的夯土柱之间，构成十多道狭窄的观测缝，人们站在观测原点，可从狭缝中看到太阳从崇山（塔儿山）升起。冬至太阳从南端的观测缝中升起，夏至从北端的观测缝中升起，已经通过模拟观测而确认，其他观测缝分别对应于不同的时节。它的功能至少应包括观测日出方位以确定季节，作为制定历法的依据，即所谓"观象授时"。由于观测的对象是"明出地上"，所以这一带地名叫做"晋"。

　　《周易·晋卦》："晋：康侯用锡，马蕃庶，昼日三接。"《易传·象》曰："明出地上，晋。君子以自昭明德。"《彖》曰："晋，进也，明出地上。进而丽乎大明，柔进而上行，是以'康侯用锡马蕃庶，昼日三接'也。"《杂卦》曰："晋，昼也。"

卦辞"康侯用锡"，明言晋是康侯的赐封地。我怀疑"康侯用锡（赐）"中的"康侯"是"唐侯"之误，因为只有唐侯叔虞才与"晋"有关。《正义》引《毛诗谱》云："叔虞子燮父以尧墟南有晋水，改曰晋侯。"《索隐》按："唐有晋水，至子燮改其国号曰晋侯。"卦辞所谓"晋，唐侯用赐"，即用（晋）赐唐侯，就是著名的周成王"桐叶封弟"的故事。《史记·晋世家》载："成王与叔虞戏，削桐叶为珪以与叔虞……遂封叔虞於唐。唐在河汾之东方百里，故曰唐叔虞。"关于陶寺古城，考古学、历史学界一般认为与"尧都"有关，《毛诗谱》明言"尧墟南有晋水"，便把"尧都"与"晋"这一地名联系起来。

《水经·晋水篇》载："晋水出晋阳县西悬瓮山。"地在今太原西南。但可以肯定这里的"晋水"是后起的地名，与唐叔虞之子晋侯燮父徙居晋水傍的"晋水"不是同一地，因为考古发现早期晋都在曲沃、翼城之间的天马－曲村遗址一带，当时的"晋山""晋水"应在此附近，不出"河汾之东方百里"之范围。

易传《象》曰"明出地上",指明"晋"与日出有关。"晋"字甲骨文作"🜚",日上有两个倒矢形,倒矢为至。《说文解字》:"晋,进也,日出而万物进,从日从臸";"臸,到也,从二至";"至,鸟飞从高下至地也"。故"晋"表示一日、二鸟至,与《山海经·大荒东经》所载"一日方至,一日方出,皆载于乌"的情形相合。

"晋"字是由"日"和"臸"(音进)两个意符组成的会意字。另有一"晊"(音质)字,从日从至,《尔雅·释诂》"晊,大也",《释文》"本又作至"。《集韵》《类篇》"晊,《尔雅》大也;一曰明也"。此与晋卦《象》传所谓"进而丽乎大明"义实相同。由从双至的"晋"到从单至的"晊",描述的是由"始明"到"大明"的日出过程。在古代十二时制中,分别叫"平旦"和"日出"。作为十二时的"日出"与日出地平线(大明)有关,大约是秦汉以后的制度,但与"日出"的原始概念已然不同。早期"日出"概念是指的"日出旸谷",古人认为这时人们的肉眼是看不到太阳本身的,但可以看到晨光,此即十二时制的"平旦",是指从天文学意义上的"晨光始"到日出地平线以前的曚影时分。

《淮南子·天文训》:"日出于旸谷,浴于咸池,拂于扶桑，是谓晨明；登于扶桑，爰始将行，是谓朏明；至于曲阿，是谓旦明……至于虞渊，是谓黄昏。至于蒙谷，是谓定昏。”此所谓“晨明”“朏明”，大约就是后世所谓“始明”；其“旦明”当是“大明”。与此相对应，“黄昏”就是“始昏”，“定昏”就是“大昏”。

“始明”之时，如《山海经·大荒东经》所载“汤（旸）谷上有扶木，一日方至，一日方出，皆载于乌”，即日出旸谷时扶桑木上同时有双乌，故“晋”字从双至；至“大明”，已去旸谷、扶桑木甚远，只有一乌载日，故“晊”字从单至。

明确了“晋”与“乌”及日出之间的关系，我们就可以作进一步推测。文献载有“运日”鸟。《说文解字》：“鸩，毒鸟也……一名运日。”《楚辞·离骚》王逸注：“鸩，运日也，羽有毒，可杀人。”《淮南子·缪称训》：“运日知晏（晴），阴谐知雨。”《广雅》：“鸩鸟，雄曰运日，雌曰阴谐。”这种“运日鸟”图象在陕西华县泉护村、河南汝州洪山庙仰韶文化彩陶中有发现。大汶口文化陶尊上的刻画文字“”“”，其日下即为展翅的飞鸟，整个图象也是“运日鸟”的写照。“”可隶写为“崔”形，去掉中间的“隹”形，可省写为“昆”字；去掉下

面的山形，可隶写为"㬇"形，即今"暹"字。《玉篇》："暹，进也，长也。"《广韵》："暹，日光进也。"《集韵》《类篇》："暹，日光升也。"故"暹"字本义是指旦日向上升进之意。其初文"㬇"，是鸟（隹）负日的会意字；其繁体"曤"是鸟负日从山峰升起的会意字。甲骨文中有一"暮"字，从日、从隹、从艹，表示鸟负日落入草中，是"莫"的异构，即今之"暮"字，包含有"运日鸟"的意涵。与此相对应，"曤"字从日、从隹、从山，表示鸟负日升出山头，其义为"朝"。大汶口文化陶尊上的"日隹山"纹，表现的就是"朝日暹"，也就是《易传》所说的"明出地上，晋"。

综上所述，"晋"与"暹"，表示"日进"，实即日出。"晋"又作为地名，表明此地很早就有对日出天象进行观测的传统。在此发现4000多年前的古观象台遗迹，决非偶然。

（原载于《中国文物报》2007年2月23日第7版）

参考文献

专著

［1］〔日〕白鸟库吉:《白鸟库吉全集》（第八卷），岩波书店，昭和四十五年（1970年）。

［2］〔日〕白鸟库吉:《中国古传说之研究》，黄约瑟译，刘俊文主编:《日本学者研究中国史论著选译》（第一卷），中华书局，1992年。

［3］〔日〕饭岛忠夫:《支那历法起源考》，东京冈书院，昭和五年（1930年）。

［4］〔日〕饭岛忠夫:《支那古代史论》，东洋文库，日本大正十四年（1925年）。

［5］〔日〕新城新藏:《东洋天文学史研究》，沈睿译，中华学艺社，1933年。

［6］〔法〕A. 丹容:《球面天文学和天体力学引论》，

李珩译，科学出版社，1980年。

［7］〔法〕J. B. 毕奥（Biot）：Etudes surl'astronomie chinoise（《中国天文学研究》），Paris，1862。

［8］〔美〕罗伯特·包维尔、埃德里安·吉尔伯特：《猎户座之谜》，冯丁妮译，海南出版社，2000年。

［9］〔英〕米歇尔·霍金斯：《剑桥插图天文学史》，江晓原、关增建、钮卫星等译，山东画报出版社，2003年。

［10］〔英〕李约瑟：《中国科学技术史》（第四卷第一分册《天学》），科学出版社，1975年。

［11］〔苏〕П.И.波波夫：《普通实用天文学》，刘世楷译，科学出版社，1956年。

［12］〔汉〕司马迁：《史记》，中华书局（标点本），1959年。

［13］〔汉〕王充：《论衡》，上海人民出版社，1974年。

［14］〔宋〕欧阳修、宋祁：《新唐书》，中华书局（标点本），1975年。

［15］〔明〕李贤、彭时等：《大明一统志》（卷二〇），三秦出版社，1990年。

［16］〔明〕顾祖禹：《读史方舆纪要》（卷四一），贺

次君、施和金点校,中华书局,2005 年。

[17] 〔清〕阮元:《畴人传·吕不韦》,商务印书馆,1955 年。

[18] 安徽丛书编审会编辑:《戴东原先生全集》,《安徽丛书》(第六期),安徽丛书编印处,1936 年上海影印版。

[19] 陈遵妫:《中国天文学史》,上海人民出版社,1980 年。

[20] 陈梦家:《殷墟卜辞综述》,中华书局,1988 年。

[21] 董作宾、刘敦桢、高平子:《周测景台调查报告》,商务印书馆,1939 年。

[22] 董作宾:《殷历谱》,中央研究院历史语言研究所专刊,1945 年。

[23] 高平子:《高平子天文历学论著选》,(台北)中央研究院数学研究所,1987 年。

[24] 高鲁:《星象统笺》,国立中央研究院天文研究所(专刊第二号),民国二十二年(1933 年)。

[25] 顾颉刚:《古史辩》(第一册),上海古籍出版社,1982 年。

[26] 郭沫若:《青铜时代》,科学出版社,1957 年。

［27］ 郭沫若：《殷契粹编》,《郭沫若全集·考古编》(第三卷)，科学出版社，2002 年。

［28］ 何光岳：《炎黄源流史》，江西教育出版社，1992 年。

［29］ 胡中为、肖耐园：《天文学教程》上册，高等教育出版社，2003 年。

［30］ 胡秋原：《一百三十年来中国思想史纲》, (台北)学术出版社，1980 年。

［31］ 胡厚宣：《甲骨学商史论丛初集》(第二册)，齐鲁大学国学研究所，1944 年。

［32］ 江晓原：《天学真原》,辽宁教育出版社，1991 年。

［33］ 刘朝阳：《刘朝阳中国天文学史论文选》，大象出版社，2000 年。

［34］ 马文章：《球面天文学》，北京师范大学出版社，1995 年。

［35］ 潘鼐：《中国恒星观测史》,学林出版社，1989 年。

［36］ 钱宝琮：《钱宝琮科学史论文选集》，科学出版社，1983 年。

［37］ 襄汾县志编纂委员会编：《襄汾县志》，天津古籍出版社，1991 年。

［38］ 苏秉琦:《中国文明起源新探》，三联书店，1999年。

［39］ 苏秉琦:《华人·龙的传人·中国人——考古寻根记》，辽宁大学出版社，1994年。

［40］ 王利器:《史记注译》，三秦出版社，1988年。

［41］ 温少峰、袁庭栋:《殷墟卜辞研究——科学技术篇》，四川省社会科学院出版社，1983年。

［42］ 夏商周断代工程专家组:《夏商周断代工程1996—1999阶段成果报告》(简稿)，世界图书出版公司，2000年。

［43］ 解希恭:《襄汾陶寺遗址研究》，科学出版社，2007年。

［44］ 杨国勇:《山西上古史新探》，中国社会科学出版社，2002年。

［45］ 竺可桢:《竺可桢文集》，科学出版社，1979年。

［46］ 朱文鑫:《天文考古录》，商务印书馆，1933年。

［47］ 中国天文学史整理研究小组:《中国天文学史》，科学出版社，1981年。

［48］ 中国社会科学院考古研究所编著:《中国古代天文文物图集》，文物出版社，1980年。

［49］ 中国社会科学院考古研究所编著：《中国古代天文文物论集》，文物出版社，1989 期。

［50］ 中国社会科学院考古研究所：《花园庄东地甲骨》(六)，云南人民出版社，2003 年。

［51］ 中国科学院紫金山天文台：《2000 年中国天文年历》，科学出版社，1999 年。

［52］ 中国科学院紫金山天文台：《2003 年中国天文年历》，科学出版社，2002 年。

论文

外国学者

［1］ Hawkins GS. Stonehenge Decoded. Nature. 1963, 200.

［2］ Kellaway, G A. Glaciation and the stones of Stonehenge. Nature. 1971, 233.

［3］ Lockyer, Joseph. An attempt to ascertain the date of the original construction of Stonehenge from its orientation. Nature. 1901, 65.

［4］ Laskar J. Secular terms of classical planetary theories using the results of general theory. Astron

Astrophys, 1986, 157.

[5] Pitts, M W. Stones, pits and Stonehenge. Nature.
1981, 290.

[6] Robinson, J H. Sunrise and moonrise at Stonehenge.
Nature. 1970, 225.

[7] Seidelmann P K. Explanatory Supplement to the
Astronomical Almanac. Mill Vally : University
Science Books, 1992. 144.

[8] 〔日〕白鸟库吉:《支那古传说の研究》,《东洋时
报》1909 年 8 月第 131 号,《白鸟库吉全集》(第
八卷),岩波书店,昭和四十五年。

[9] 〔日〕饭岛忠夫:《中国古代天文学成就之研究》,
陈啸仙译,《科学》1926 年第 11 卷第 12 期。

[10] 〔日〕饭岛忠夫:《书经诗经之天文历法》,陈啸
仙译,《科学》1928 年第 13 卷第 1 期。

[11] 〔日〕饭岛忠夫:《尧典の四中星に就いて》,《东
洋学报》,1930 年第 18 卷。

[12] 〔日〕能田忠亮:《月令より观たろ尧典の天象》,
《东洋天文学史论丛》,恒星社,1943 年。

[13] 〔日〕桥本增吉:《书经の研究》,《东洋学报》

1912 年第 2 卷第 3 号，1913 年第 3 卷第 3 号，1914 年第 4 卷第 1、3 号连载。

[14] 〔日〕桥本增吉：《虞书之研究》，陈遵妫译，《中国天文学会会报》1912 年第 3 期。

[15] 〔日〕桥本增吉：《书经尧典の四中星に就いて》，《东洋学报》，1928 年第 17 卷第 3 期。

[16] 〔日〕新城新藏：《支那上代の暦法》，《芸文》第四卷第 5—7 号，1913 年。

[17] 〔日〕新城新藏：《东汉以前中国天文学史大纲》，陈啸仙译，《科学》1926 年第 11 卷第 6 期。

[18] 〔日〕新城新藏：《太初历之制定》，《东洋天文学史研究》，弘文堂，1928 年。

[19] 〔德〕埃利希·冯·丹尼肯：《追寻巨石文化之谜》，陈锋译，中国青年出版社，2000 年。

[20] 〔英〕湛约翰：《中国古代天文学考》，《科学》1926 年第 12 期。

中国学者

[21] 安徽省文物工作队、阜阳地区博物馆、阜阳县文化局：《阜阳双古堆西汝阴侯墓发掘简报》，

《文物》1978 年第 8 期。

[22] 陈昌远:《"虫伯"与文王伐崇地望研究——兼论夏族起于晋》,《河南大学学报》1992 年第 1 期。

[23] 陈培康:《奇异的玛雅天文台》,《知识就是力量》,1984 年第 8 期。

[24] 董作宾:《"稘三百有六旬有六日"新考》,《中国文化研究所集刊》,1941 年第 1 期。

[25] 高天麟、张岱海:《关于陶寺墓地的几个问题》,《考古》1983 年第 6 期。

[26] 高天麟、张岱海、高炜:《龙山文化陶寺类型的年代与分期》,《史前研究》1984 年第 3 期。

[27] 高平子:《圭表测景论》,《高平子天文历学论著选·学历散论》,(台北)中央研究院数学研究所,1987 年。

[28] 顾颉刚:《论今文尚书著作时代书》,《古史辩》(第一册),上海古籍出版社,1982 年。

[29] 顾颉刚:《从地理上论今本〈尧典〉为汉人作》,《禹贡》1943 年第 2 卷第 5 期(总 17 期)。

[30] 顾颉刚:《〈尧典〉著作时代考》,《文史》1985 年第 24 辑。

［31］ 龚惠人:《尧典四仲中星起源的年代和地点》，1978 年中国天文学会年会及第三届代表大会论文。

［32］ 华季:《玛雅文化古迹——奇钦 - 伊扎参观记》，《地理知识》1978 年第 4 期。

［33］ 黄石林:《陶寺遗址乃尧至禹都论》，《文物世界》2001 年第 6 期。

［34］ 胡厚宣:《甲骨文四方风名考证》，《甲骨学商史论丛初集》，河北教育出版社，2002 年。

［35］ 胡厚宣:《释殷代求年于四方和四方风的祭祀》，《复旦学报》(人文科学版)1956 年第 1 期。

［36］ 何驽、严志斌、王晓毅:《山西襄汾陶寺城址发现大型史前观象祭祀与宫殿遗迹》，《中国文物报》2004 年 2 月 20 日第一版。

［37］ 何驽:《陶寺中期小城内大型建筑Ⅱ FJT1 发掘心路历程杂谈》，载北京大学震旦古代文明研究中心编《古代文明研究通讯》第 23 期，2004 年 12 月；又见《新世纪的中国考古学》，科学出版社，2005 年。

［38］ 江晓原、陈晓中、伊世同等:《山西襄汾陶寺城

址天文观测遗迹功能讨论》,《考古》2006 年第
11 期。

[39] 姜亮夫:《整理与研究异同辨——有关古籍整理
研究若干问题之一》,《文史哲》1984 年第 6 期。

[40] 李学勤:《商代的四风与四时》,《中州学刊》
1985 年第 5 期。

[41] 廖名春:《试论古史辨运动兴起的思想来源》,
《原道》(第四辑),学林出版社,1998 年。

[42] 刘次沅:《周初历法问题两议》,《陕西天文台台
刊》2001 年第 2 期。

[43] 刘朝阳:《从天文历法推测〈尧典〉之编成年
代》,《燕京大学学报》1930 年第 7 期。

[44] 罗树元、黄道芳:《试论〈尧典〉四仲中星》,《湖
南师范大学学报》(自然科学版)1988 年第 11
卷第 1 期。

[45] 罗琨:《"五百四旬七日"试析》,《夏商周文明
研究》,中国文联出版社,1999 年。

[46] 潘玮:《金星和玛雅文化》,《天文爱好者》1986
年第 6 期。

[47] 钱宝琮:《盖天说源流考》,《科学史集刊》(1),

科学出版社，1958年。

[48] 苏秉琦：《华人·龙的传人·中国人——考古寻根记》，《中国建设》1987年第9期。

[49] 王文清：《陶寺遗存可能是陶唐氏文化遗存》，《华夏文明》（第一辑），北京大学出版社，1987年。

[50] 王克林：《陶寺文化与唐尧、虞舜——论华夏文明的起源（下）》，《文物世界》2001年第2期。

[51] 王铁：《论〈尚书·尧典〉四中星的年代》，《华东师范大学学报》（哲学社会科学版），1988年第5期。

[52] 王红旗：《尧典四星何时有——试论中国人在7400年前的天文观测活动》，《文史杂志》2002年第6期。

[53] 王胜利：《〈尚书·尧典〉四仲中星观测年代考》，《晋阳学刊》2006年第1期。

[54] 王健民、刘金沂：《西汉汝阴侯墓出土圆盘上二十八宿古距度的研究》，《中国古代天文文物论集》，文物出版社，1989期。

[55] 卫斯：《"陶寺遗址"与"尧都平阳"的考古学

观察》，《襄汾陶寺遗址研究》，科学出版社，
2007 年。

[56] 武家璧、何驽：《陶寺大型建筑Ⅱ FJT1 的天文
学年代初探》，《中国社会科学院古代文明研究
中心通讯》2004 年第 8 期。

[57] 武家璧：《花园庄东地甲骨文中的冬至日出观
象记录》，《古代文明研究通讯》2005 年 6 月第
25 期。

[58] 武家璧：《尚书·考灵耀中的四仲中星及相关问
题》，《广西民族大学学报》(自然科学版)2006
年第 4 期。

[59] 武家璧：《武王伐纣天象及其年代历日》，《古代
文明》(第 5 卷)，文物出版社，2007 年。

[60] 殷涤非：《西汉汝阴侯墓出土的占盘和天文仪
器》，《考古》1978 年第 5 期。

[61] 资民筠：《玛雅天文及其它古天文文化》，《天文
爱好者》1996 年第 4 期。

[62] 竺可桢：《论以岁差定〈尚书·尧典〉四仲中星
之年代》，《科学》1927 年第 11 卷第 12 期。

[63] 赵庄愚：《从星位岁差论证几部古典著作的星象

年代及成书年代》,《科技史文集》(第10辑),上海科学技术出版社,1983年。

[64] 中国社会科学院考古研究所实验室:《放射性碳素测定年代报告》(10),《考古》1983年第7期。

[65] 中国社会科学院考古研究所山西工作队、山西省考古研究所、临汾市文物局:《山西襄汾县陶寺城址发现陶寺文化大型建筑基址》,《考古》2004年第2期。

[66] 中国社会科学院考古研究所山西工作队、山西省考古研究所、临汾市文物局:《山西襄汾县陶寺城址祭祀区大型建筑基址2003年发掘简报》,《考古》2004年第7期。

[67] 中国社会科学院考古研究所、山西省考古研究所、临汾市文物局:《2004—2005年山西襄汾县陶寺遗址发掘新进展》,《中国社会科学院古代文明研究中心通讯》2005年第10期。

[68] 中国社会科学院考古研究所山西队:《陶寺中期小城大型建筑ⅡFJT1实地模拟观测报告》,《古代文明研究通讯》2006年第29期。

[69] 中国社会科学院考古研究所山西工作队、山西

省考古研究所、临汾市文物局:《山西襄汾县陶寺中期城址大型建筑 II FJT1 基址 2004—2005 年发掘简报》,《考古》2007 年第 4 期。